Muskelschmerz

Verspannungen – Dysbalancen – Fibromyalgie

Muskelschmerz

Verspannungen – Dysbalancen – Fibromyalgie

Tom Laser

2., völlig neu bearbeitete Auflage

Geleitwort von W. Müller

53 Abbildungen

1999
Georg Thieme Verlag
Stuttgart · New York

Dr. med. T. Laser
Am Höhenring 21
94086 Griesbach

*Die Deutsche Bibliothek –
CIP-Einheitsaufnahme*
Laser, Tom: Muskelschmerz durch Verspannungen, Dysbalancen, Fibromyalgie / von Tom Laser. Geleitw. von W. Müller. – 2., völlig neu bearb. Aufl. – Stuttgart ; New York : Thieme, 1999

Printed in Germany

Fotos: Gudrun Kaiser, München
Satz: ScreenArt, Wannweil
Druck: Grammlich, Pliezhausen
Buchbinder: Held, Rottenburg

ISBN 3-13-104342-3

1 2 3 4 5 6

Wichtiger Hinweis: Wie jede Wissenschaft ist die Medizin ständigen Entwicklungen unterworfen. Forschung und klinische Erfahrung erweitern unsere Erkenntnisse, insbesondere was Behandlung und medikamentöse Therapie anbelangt. Soweit in diesem Werk eine Dosierung oder eine Applikation erwähnt wird, darf der Leser zwar darauf vertrauen, daß Autoren, Herausgeber und Verlag große Sorgfalt darauf verwandt haben, daß diese Angabe dem **Wissensstand bei Fertigstellung des Werkes** entspricht.

Für Angaben über Dosierungsanweisungen und Applikationsformen kann vom Verlag jedoch keine Gewähr übernommen werden. **Jeder Benutzer ist angehalten**, durch sorgfältige Prüfung der Beipackzettel der verwendeten Präparate und gegebenenfalls nach Konsultation eines Spezialisten festzustellen, ob die dort gegebene Empfehlung für Dosierungen oder die Beachtung von Kontraindikationen gegenüber der Angabe in diesem Buch abweicht. Eine solche Prüfung ist besonders wichtig bei selten verwendeten Präparaten oder solchen, die neu auf den Markt gebracht worden sind. **Jede Dosierung oder Applikation erfolgt auf eigene Gefahr des Benutzers.** Autoren und Verlag appellieren an jeden Benutzer, ihm etwa auffallende Ungenauigkeiten dem Verlag mitzuteilen.

Geleitwort

Muskelverspannungen und Schmerzen im Bewegungsapparat stellen Symptome dar, mit denen der praktische Arzt – noch mehr der Rheumatologe, der Orthopäde, der Neurologe und der Rehabilitationsmediziner – täglich konfrontiert werden. Eine exakte Analyse ihrer Ursachen ist von immenser Bedeutung, denn nur eine kausale Therapie wird zu ihrer dauerhaften Beeinflussung führen.

In der vorliegenden Monographie setzt sich der Autor mit der Genese der für die Symptome Muskelverspannung und Schmerz sehr häufig verantwortlichen muskulären Dysbalance, mit ihrem klinischen Erscheinungsbild, ihrer Diagnose sowie ihrer Bedeutung für die Entwicklung verschiedenster Krankheitsbilder unter Einschluß der Fibromyalgie auseinander, wobei auch klare Definitionen über die unterschiedlichen „Muskelverspannungssyndrome" gegeben werden. Die präzise Schilderung der verschiedenen Facetten der muskulären Dysbalance läßt im Autor den erfahrenen und kritischen Arzt und Kliniker erkennen, der mittels einer exakten klinischen Untersuchung, insbesondere einer subtilen Palpation und Funktionsdiagnostik Funktionsstörungen der Muskulatur und die hiermit zusammenhängenden Erkrankungen wesentlich besser erfaßt, als dies mit aller technischen Medizin der Fall ist. Gerade hierin sehe ich die große Bedeutung des vorliegenden Buches, gibt es dem Arzt in der Praxis doch die Möglichkeit, nicht nur muskuläre Dysbalance-Zustände in ihren Ursachen und in ihren klinischen Bildern zu verstehen, sondern sie selbst in der täglichen Praxis zu erfassen und damit den Grundstein für eine erfolgreiche Therapie zu legen, selbst wenn manche der diskutierten pathogenetischen Mechanismen noch zweifelhaft erscheinen mögen.

Für die Praxis von besonderer Bedeutung ist auch die Schilderung der verschiedenen therapeutischen Möglichkeiten zur Beeinflussung muskulärer Dysbalancen und der durch sie ausgelösten Schmerzzustände, wobei der Autor auf eine große eigene Erfahrung zurückgreifen kann. Auch der Einfluß psychischer Faktoren auf muskuläre Schmerzsyndrome und die Psychotherapie dieser Krankheitszustände werden behandelt, ein Indiz dafür, daß auch von orthopädischer Seite der Bewegungsapparat heute nicht mehr allein vom biomechanischen Standpunkt aus gesehen wird, sondern bei den im Rahmen muskulärer

Dysfunktionen auftretenden Schmerzzustände der Mensch in seiner leibseelischen Einheit betrachtet wird.

Ich kann dieses interessante Werk nur jedem empfehlen, der sich mit den Erkrankungen des Bewegungsapparates beschäftigt, bin ich doch überzeugt, daß es dem Arzt eine Vielzahl praxisrelevanter Erkenntnisse in Diagnostik, Therapie und auch in der Begutachtung muskulärer Schmerzzustände vermitteln wird.

Bad Säckingen, April 1999 W. Müller

Vorwort

Die Hälfte aller Patienten in der orthopädischen Praxis klagt über Rückenschmerzen. Diese sind fast immer auch Muskelschmerzen. Akute, meist nur Stunden anhaltende Beschwerden führen den Betroffenen nur selten zum Arzt. Auch wenn diese Schmerzen momentan lästig sind, spielen sie aber prognostisch gesehen eine eher unbedeutende Rolle. Viel problematischer als akute sind chronische Rückenschmerzen, die insbesondere die Allgemeinärzte, Orthopäden und Rheumatologen in die Pflicht nehmen.

Als Orthopäde, Lehrer für manuelle Therapie und Leiter einer Rehabilitationsklinik habe ich täglich mit Störungen der Muskeltätigkeit und deren Auswirkungen zu tun. Im folgenden möchte ich deren Ursachen, den Entstehungsweg und damit auch die diagnostischen und therapeutischen Möglichkeiten aufzeigen.

Gesammelte Erfahrungen in einer psychosomatisch ausgerichteten klinischen Tätigkeit haben mich gelehrt, arthromuskuläre Funktionsstörungen nicht nur als somatische, sondern auch als psychische Komponenten einer Gesamtstörung zu sehen. Dies gilt für alle Muskeldysfunktionen, ganz besonders aber für das Fibromyalgie-Syndrom.

Wenn solche Funktionsstörungen täglich in der Praxis beobachtet und Krankheitsverläufe vieler Patienten über Monate und Jahre bis zur Entwicklung einer Fibromyalgie verfolgt werden können, stellt sich zwangsläufig die Frage, wie diese Entwicklung ihren Verlauf nahm.

Über das Fibromyalgiesyndrom liegen mehrere hundert Monografien vor, die auf wissenschaftlicher Basis die Krankheit beschreiben. Über die muskuläre Dysbalance hingegen und den Zusammenhang mit Rückenschmerzen wurde sehr wenig veröffentlicht. Es ist mein Anliegen, aus der praktischen Erfahrung sowohl eines niedergelassenen Orthopäden als auch eines Rehabilitationsmediziners Zusammenhänge dieser Erkrankung zu diskutieren.

Bei der Vorbereitung und Durchführung dieses Buches haben mir insbesondere meine Lehrer Olaf Evjenth, Freddy Kaltenborn sowie Vladimir Janda geistig Pate gestanden. Zudem wäre das Buch ohne die Hilfe des Thieme-Verlages und die Unterstützung der Strathmann AG nicht realisierbar gewesen.

Für wertvolle Anregungen und Hinweise bin ich Herrn Prof. Dr. W. Müller und Dr. F. Haneveld zu großem Dank verpflichtet, ebenso meiner Lektorin Carmen.

Griesbach, April 1999 Tom Laser

Inhalt

Geleitwort *V*

Vorwort *VII*

1 Einleitung *1*

2 Muskulatur *6*

2.1 Anatomie und Funktion des Muskels *6*

3 Muskelschmerz *8*

3.1 Schmerzreflektorische Bewegungseinschränkung *8*
3.2 Muskelschmerz und Funktionsdefizit *11*
3.3 Muskelkrämpfe *14*
3.4 Chronischer Muskelschmerz und „Schmerzgedächtnis" *14*
3.5 Medikamentöse Therapie des Muskelschmerzes *16*

4 Muskuläre Dysbalance *19*

4.1 Muskelfaserqualitäten *19*
4.2 Reflektorische Hemmung und reziproke Innervation *24*
4.3 Gestörte Dynamik *26*
4.4 Triggerpunkte *26*
4.4.1 Definition *26*
4.4.2 Ätiologie *27*
4.4.3 Symptomatik *28*
4.5 Tendomyose *28*
4.5.1 Primäre Tendomyose *28*
4.5.2 Sekundäre Tendomyose *28*
4.6 Tender points („Maximalpunkte") *29*
4.7 Auslösende Faktoren der muskulären Dysbalance *30*
4.7.1 Schmerz *31*
4.7.2 Inaktivität *31*

4.7.3 Überaktivität *32*
4.7.4 Fehlbelastung *32*
4.7.5 Psychisch bedingte Fehlhaltungen *33*
4.7.6 Muskuläre Dysbalance als eigenes Krankheitsbild *33*
4.8 Fallbeispiele *34*
4.8.1 Muskuläre Dysbalance im Schulter-Nackenbereich *34*
4.8.2 Muskuläre Dysbalance im Lumbosakralbereich *37*
4.8.3 Muskuläre Dysbalance im Becken-Beinbereich *38*
4.9 Wechselwirkung zwischen muskulärer Dysbalance und Psyche *40*
4.10 Verlauf der muskulären Dysbalance *45*
4.10.1 Spontane Wiederherstellung *45*
4.10.2 Fehlende Wiederherstellung *47*
4.10.3 Eskalation der muskulären Dysbalance *48*

5 Die Fibromyalgie *52*

5.1 Definition und Epidemiologie *52*
5.2 Symptomatik und Diagnostik *53*
5.3 Persönlichkeitsstruktur *56*
5.4 Ätiologie und Pathogenese *58*

6 Diagnose der muskulären Funktionsstörungen *60*

6.1 Anamnese *60*
6.2 Inspektion *61*
6.3 Palpation *61*
6.4 Überprüfung des Muskels auf seine Dehnbarkeit *62*
6.5 Provokationstest *62*
6.6 Manuelle Untersuchung *65*
6.6.1 Schulter-Nackenbereich *65*
6.6.2 Wirbelsäule *65*
6.7 Technische Untersuchungen *70*

7 Therapie *72*

7.1 Physiotherapie *72*
7.2 Hinweise zur Dehntechnik muskulärer Strukturen *74*
7.3 Physikalische Maßnahmen *75*
7.3.1 Kälte *76*
7.3.2 Wärme *76*
7.3.3 Hyperthermie nach „von Ardenne“ *77*
7.3.4 Magnetfeldtherapie *77*

7.3.5 Hyperbare Sauerstofftherapie *78*
7.4 Elektrotherapie *78*
7.5 Massage-Therapie *78*
7.6 Akupunktur *79*
7.7 Therapeutische Lokalanästhesie (TLA) *79*
7.7.1 Quaddelbehandlung *79*
7.7.2 Infiltrationsbehandlung (Triggerpunkte, Tender points) *80*
7.8 Muskelrelaxation durch Medikamente *81*
7.9 Psychologische/psychotherapeutische Maßnahmen *84*
7.10 Verbesserung der Schlafqualität *85*
7.10.1 Ursachen für unbequemes Liegen *86*

8 Das ärztliche Gespräch *88*

9 Das Teamgespräch *90*

10 Ambulante und stationäre Behandlung *91*

11 Gutachterliche Probleme und sozialmedizinische Konsequenzen *94*

12 Schlußbemerkung (Einsichten und Aussichten) 98

13 Übungsteil zur Selbstdehnung *101*

14 Selbsthilfegruppen Fibromyalgie-Syndrom *142*

15 Kliniken mit Fibromyalgie-Abteilungen *148*

16 Literaturverzeichnis *152*

Sachverzeichnis *160*

1 Einleitung

Reduzieren wir alle Kriterien für Leben und Tod auf einen einzigen Begriff, so müßten wir die **Bewegung** als wichtigstes Unterscheidungsmerkmal definieren. Bewegung ist daher nicht nur ein natürlicher Teil unseres Lebens, sondern die conditio sine qua non. Ohne Bewegung gibt es kein Fortschreiten, mithin auch keinen „Fortschritt".

Transferieren wir den Begriff der Bewegung auf den menschlichen Körper, so stoßen wir auf den etwas unglücklich gewählten deutschen Begriff des „Bewegungsapparates". Diese aus der mechanistischen Zeitepoche stammende Bezeichnung beinhaltet anatomische und funktionell wirkende Strukturen, die sich an einer Bewegung beteiligen. Neben den aktiven und an der Bewegung im wesentlichen beteiligten Strukturen, nämlich den Muskeln, sind natürlich auch die anderen Funktionspartner bei der Betrachtung der vollständigen Bewegung nicht wegzudenken: die Gelenke mit ihren entsprechenden Strukturen, die starren Knochen, die als Hebel überhaupt eine Bewegung bewirken können und letztlich die Nerven, die die Bewegung stimulieren. Eine Bewegungslehre kann also immer nur dann vollständig sein, wenn alle genannten Faktoren in ihrer Gesamtheit und in ihrem Synergismus betrachtet und damit auch begriffen werden.

Körperbewegungen wurden immer schon mit Muskeln assoziiert. Wollte man die Motorik beeinflussen, so versuchte man dies immer über die Muskulatur. Die Einflußnahme auf ein Gelenk und dessen anatomische Konstanten sowie auf das starre Skelettsystem oder letztlich auf die nervale Versorgung waren praktisch nur schwer möglich, so daß bei dem Versuch, etwa eine motorische Leistungsverbesserung zu erzielen, letztlich die Muskulatur als Angriffspunkt alleine sinnvoll erschien.

Auf zweitausend Jahre alten Darstellungen findet man Beispiele, muskuläre Funktionsstörungen gezielt zu behandeln und damit eine höhere Leistungsfähigkeit zu bewirken. Diese spezifische therapeutische Behandlung der Muskulatur ist demnach kein Ergebnis unserer neuzeitlichen muskelphysiologischen Kenntnisse, sondern von je her das Ergebnis empirischer Erfahrung. Noch älter als die gezielte therapeutische Einflußnahme auf die Muskulatur ist die Eigenbehandlung im Sinne von rituellen Tänzen.

Die Steigerung der Leistungsfähigkeit hatte früher viel mehr als heutzutage letztlich das Ziel, infolge des immer schon bestehenden existentiellen Konkurrenzdrucks seinen Mitmenschen gegenüber im Vorteil zu sein.

Daß die Muskulatur, genauer gesagt einzelne Muskelgruppen, durch Verkürzung an Leistungsfähigkeit verlieren, war offensichtlich schon in der frühen Menschheitsgeschichte bekannt, denn das gezielte Dehnen verkürzter Muskeln wurde bereits vor 2000 Jahren auf bildlichen Darstellungen dokumentiert.

Wenn auch überwiegend bewegungsverbessernde Einflußnahmen auf die Muskulatur das hauptsächliche Ziel darstellten, so gab es immerhin schon in der sehr frühen Menschheitsgeschichte ausreichendes Wissen, daß die gelenkigen Verbindungen an der Bewegung eine nicht unerhebliche Rolle spielen. Zweifellos ist ebenfalls seit Tausenden von Jahren unseren Vorvätern bekannt gewesen, daß der Überbeweglichkeit bestimmter Gelenksysteme eine „schmerzliche Rolle" zukam und daß eine gezielte Stabilisation solcher „hypermobilen Zonen" Hilfe brachte. Speziell in tänzerischer Form durchgeführte Stabilisationsübungen (etwa die Frühform des Tai-chi) mögen als Beispiel dafür dienen, daß durch solche dynamischen Stabilisierungstechniken der Muskulatur eine maximale Spannkraft und Reaktionsfähigkeit verliehen wurde, die der besseren Körperbeherrschung und der Schnelligkeit und damit der Wehrfähigkeit zugute kamen.

Den zunehmenden muskelphysiologischen Erkenntnissen zum Trotz hat es in den letzten Jahrzehnten, ja sogar heute noch nicht an Empfehlungen und Techniken gemangelt, die die Muskulatur in extrem unphysiologischer Weise in vermeintlich therapeutischem Sinne malträtieren und fehlbehandeln. Gleichzeitig wird damit natürlich auch eine unphysiologische Gelenkbeanspruchung in Kauf genommen. Als Beispiele für solche unphysiologischen Techniken mögen der *Jazz dance* oder bestimmte Formen des Aerobic-Gymnastikprogrammes stehen, in welchen über lange Hebel fehlerhafte Dehnungseinflüsse auf Muskeln- und Bandstrukturen ausgeübt werden, die zu größeren Schäden als zu Nutzen führen.

Wenn man sich vor Augen hält, daß es im menschlichen Körper über vierhundert Muskeln gibt, die alle eine eigene Funktion besitzen und synergistisch oder antagonistisch eine unglaubliche Vielzahl an Bewegungsmöglichkeiten beinhalten, so wird klar, wie komplex ein vorprogrammiertes „Bewegungsmuster" die Feinabstimmung der Muskulatur steuert, um sinnvolle, d. h. ökonomische Bewegungen zu ermöglichen. Von einem funktionstüchtigen Muskel erwarten wir, daß er kräftig, ausdauernd und geschmeidig ist, um gut zu funktionieren. Unsere durch Bewegungsarmut und vorwiegend sitzende Tätigkeiten bestimmte Lebensweise führt zwangsläufig zu Störungen der Muskelfunktion und damit letztlich auch zu Störungen der bewegten Gelenke und jener Systeme, die von einer gut funktionierenden Muskulatur abhängig sind.

Heute weiß jeder, wie wichtig Kraft- und Ausdauertraining für die Mobilität sind. Deutlich vernachlässigt wird hingegen das Geschmeidigkeitstraining der Muskeln, d. h. das korrekte Dehnen der Muskeln. Ein Phänomen der Skelettmuskulatur ist die **Verkürzung**, auf deren Ursache später eingegangen wird. Aus dieser Verkürzung entwickelt sich ein Funktionsdefizit und damit eine Leistungseinschränkung. Zusätzlich kommt es bei länger bestehenden Verkürzungen der Muskeln zwangsläufig zu Schmerzen im Bereich der Muskelursprünge und -ansätze, die sich chronifizieren können. Leistungseinschränkung und Schmerzen müssen notgedrungen das gesamte Bewegungssystem beeinflussen. Wird der Zustand einer muskulären Verkürzung nicht behoben, so entsteht aus dieser oft vernachlässigten Situation ein Krankheitsfaktor, der letztlich Gelenke, Kapseln, Bänder, Knochen, Gefäße und Nerven in einen miteinander verwobenen pathologischen Zustand bringt. Wenn man unterstellt, daß Psyche und Motorik eine enge Wechselbeziehung unterhalten, so ist es nicht verwunderlich, daß schließlich auch somatopsychische Entgleisungen entstehen können.

! Muskelverkürzungen führen zu Schmerzen

15–20% aller Konsultationen beim Allgemeinarzt und über 50% aller Besuche beim Orthopäden haben Rumpf- bzw. Rückenschmerzen zur Ursache. Nur ein kleiner Teil dieser Beschwerden ist auf Veränderungen der Bandscheiben alleine zurückzuführen, also viel weniger, als dies fälschlicherweise immer behauptet wird. Der viel größere Anteil der angegebenen Beschwerden hat seine Ursache in **muskulären Funktionsstörungen**. Der Schmerz und die Funktionsstörung selbst, die den Betreffenden zum Arzt führen, liegen aber faßbar in der Muskulatur. Die Vokabeln „faßbar" und „begreifbar" können nicht nur sprachlich, sondern auch „körperlich" bei der Beurteilung der muskulären Dysfunktion zugeordnet werden. Wenn man eine schmerzhafte muskuläre Störung in ihrer diagnostischen und therapeutischen Bewertung exakt einstufen möchte, so kann dies nur geschehen, wenn man das gestörte System tatsächlich anfaßt und damit „begreift".

Die ärztlichen Kollegen der neuen Generation haben leider nur ungenügend gelernt, ihre Finger und Hände als „diagnostisches Werkzeug“ einzusetzen. Vielmehr verlassen sie sich auf hochentwickelte, meist computergesteuerte Diagnosegeräte, die zwar extrem genaue Ergebnisse und Daten liefern, aber weit davon entfernt sind, Eindrücke zu vermitteln, die man durch einfaches Betasten und damit „Begreifen“ erhalten könnte.

Das vorliegende Buch soll also auch dazu ermuntern und anleiten, zu einfachen und effektiven Diagnosemöglichkeiten zurückzufinden, etwa zu der Möglichkeit, mit den eigenen Händen funktionsgestörte Muskeln auf ihre Länge, ihre Kraft und Konsistenz zu überprüfen und daraus die für die Therapie notwendigen Rückschlüsse zu ziehen.

In den letzten Jahrzehnten haben sich weltweit physiotherapeutische Schulen etabliert, in denen zwar Störungen des Bewegungsapparates das Behandlungsziel bestimmen, das Hauptaugenmerk der Untersuchung und Therapie aber unterschiedlich gewichtet wird. Bei den einen zielen die Diagnostik und Therapie im wesentlichen auf Erkennung und Behandlung von Störungen des Gelenkspiels, also der Gelenkfunktion im speziellen, bei den anderen finden Störungen der Muskelfunktion das Hauptinteresse. Schließlich werden bei anderen neuromuskuläre Defizite in den Vordergrund der Techniken gestellt. Jede Schule nimmt für sich in Anspruch, die Ursache und den therapeutischen Ansatz richtig verstanden zu haben.

Betrachtet man die einzelnen „Schulen“ (z. B. Brügger, Vojta, Klein-Vogelbach, Knott, Kaltenborn/Evjenth, Maitland, Bobath, Upledger) hinsichtlich ihres Anspruches auf die einzige und richtige diagnostische und therapeutische Strategie, so kann man sich eines Vergleiches nicht erwehren, der beim Betrachten einer eindeutig erscheinenden Figur nur folgenden Schluß zuzulassen scheint:

Es sieht aus wie eine Ente,
es watschelt wie eine Ente,
es quakt wie eine Ente,
also ist es eine Ente.

Betrachtet man die entenähnliche Figur aus einer anderen Perspektive, so wird man plötzlich feststellen, daß es entgegen dem anfänglichen Anschein doch keine Ente ist, wenngleich alles dafür sprach. Man ist einer „Ente“ aufgesessen, weil die Ente plötzlich ein Hase ist.

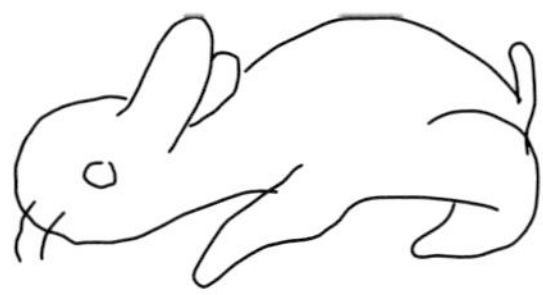

Das bildliche Beispiel soll vor Augen führen, daß – wo immer man eine Erklärung für ein Phänomen absolut sicher zu haben scheint – die jeweilige Sichtweise plötzlich völlig neue Erkenntnisse mit sich bringt, die zumindest die Toleranzbreite verbessern und monogames Denken einschränken sollte.

2 Muskulatur

2.1 Anatomie und Funktion des Muskels

Wenn man die **Muskulatur** als „Organ“ definieren möchte, so ist sie beim Menschen das größte Organ. Sie macht 40% der Gesamtkörpermasse aus. Die quergestreifte Skelettmuskulatur besitzt exakt 424 einzelne Muskeln, die willentlich, zum Teil aber auch autochthon (Rückenstreckmuskeln) gesteuert werden. Die Muskulatur ist nicht nur das größte, sondern auch das am reichsten durch Nerven vernetzte Organ. *Afferenzen* und *Efferenzen* dienen dazu, die Gesamtmuskulatur oder nur bestimmte Einheiten in unterschiedliche Funktionsbereitschaft zu führen (efferente Anteile), während Afferenzen global das Steuerzentrum via Rückenmark und Gehirn über den jeweiligen Zustand der Muskulatur informieren. Der jeweilige Informationszustand beinhaltet Spannungs- und Stellungsverhältnisse, Ermüdungszeichen, Entzündungsparameter, Verletzungsinhalte sowie thermische und vasomotorische Besonderheiten.

! Die Muskulatur ist das größte menschliche Organ

Bei der Steuerung der Muskulatur durch Efferenzen beginnt die motorische Einheit mit der Vorderhornzelle im Rückenmark und endet an der motorischen Endplatte im Muskel. Die **Skelettmuskeln** haben die Aufgabe, durch Überspringen eines gelenkigen Anteils einen bestehenden Bewegungswinkel zwischen zwei knöchernen Gelenkpartnern zu verkleinern oder zu vergrößern, je nachdem, ob der entsprechende Muskel auf der Beuge- oder Streckseite einer gelenkigen Verbindung lokalisiert ist (Beispiel Bizeps und Trizeps). Wie aus der Anatomie bekannt, überspringt ein Muskel entweder ein einzelnes Gelenk *(monosegmentale Funktion)* oder zwei oder mehr Gelenke *(plurisegmentale Funktion)*. In der Regel besitzen gelenkführende Muskeln in der Gesamtfunktion unterstützende Partner *(Synergisten)* sowie der Bewegung entgegengesetzte Muskelgruppen *(Antagonisten)*. Bei diesen gegensätzlichen Gruppen gibt es untereinander Synergisten, wobei die gemeinsame Aktivität von Antagonisten und Agonisten eine Bewegung aufheben kann und in diesem Fall der **Stabilisierung** einer Gelenkbeweglichkeit, also der Aufhebung des Gelenkspiels dient.

! Die Stabilisation von Gelenkverbindungen erfolgt durch gemeinsame Aktivierung von Agonisten und Antagonisten

Der Skelettmuskel besteht aus in Längsrichtung des Muskels verlaufenden, parallel zueinander liegenden Muskelfasern, die in bindegewebiger Verbindung als Muskelbündel eingefaßt und von der Muskelhaut (Faszie) umgeben sind. Innerhalb des Bindegewebes verlaufen Gefäße und Nerven, die die Muskulatur versorgen. Die Länge der Muskelfasern ist extrem unterschiedlich und bemißt sich zwischen 0,5 mm (M. stapedius) bis zu über 30 cm (M. sartorius). Insgesamt verfügt ein Mensch über etwa 1 Million einzelner Muskelfasern.

Über biochemische und bioelektrische Veränderungen der Muskulatur während der Aktivität wird an dieser Stelle keine weitere Ausführung erfolgen, da sie speziellen Fachbüchern vorbehalten bleiben sollte. Wird ein Muskel aktiviert, so kann es zu einer sichtbaren Verkürzung des Muskels kommen, wenn Ursprung und Ansatz des Muskels sich durch eine Bewegung des dazwischen liegenden Gelenks einander nähern. Wird diese Annäherung durch bestimmte Bedingungen verhindert (etwa durch gleichzeitige Aktivierung des Antagonisten), bleibt die Muskellänge makroskopisch gleich, wenngleich sich der Tonus der Muskulatur deutlich erhöht. Im ersteren Fall spricht man von einer **isotonischen Muskelkontraktion** (tritt bei dynamischer Arbeit auf), im letzteren Fall von einer **isometrischen Muskelkontraktion** (bei statischer Arbeit). Aus den grundlegend unterschiedlichen Kontraktionsformen, nämlich der isometrischen und isotonischen Kontraktion, bauen sich sämtliche Mischformen der Muskelkontraktion auf. In der Praxis zeigt sich im übrigen, daß rein isotonische Muskelkontraktionen nur in den seltensten Fällen vorkommen, meistens handelt es sich bei Muskeltätigkeiten um eine Mischform der isometrischen und isotonischen Kontraktion.

! Die „Alltagsarbeit“ der Muskulatur ist eine Kombination aus isometrischer und isotonischer Kontraktion

3 Muskelschmerz

3.1 Schmerzreflektorische Bewegungseinschränkung

Trifft ein Trauma irgendeiner Art das arthromuskuläre System, wird – betrachtet man den Vorgang teleologisch – ein Schutzmechanismus das Bewegungssystem vor weiterer Mobilisierung schützen: die gelenkführende Muskulatur wird in einen Schutztonus überführt, wobei die gleichzeitige Aktivierung von Agonisten und Antagonisten unnötige, weil schmerzhafte Gelenkbewegungen verhindert. Vielfache Untersuchungen belegen, daß der erhöhte Tonus der Muskulatur zu einer Hypoxie bestimmter Areale führt. Inwieweit der gesamte Muskel hypoxisch wird, wird kontrovers diskutiert. Hypoxische Muskelareale führen über eine lokale Erregung der Nozizeptoren zur Auslösung von Schmerzreizen.

! Tonuserhöhung führt zur Hypoxie einiger Muskelareale und damit zu Schmerzen

Ist die ursprüngliche Noxe, also etwa eine entzündliche Gelenkveränderung, abgeklungen und damit die biologische Notwendigkeit einer Ruhigstellung durch Erhöhung des Muskeltonus nicht mehr gegeben, so klingt der erhöhte Tonus meist spontan wieder ab und die Beweglichkeit normalisiert sich damit wieder. In einigen Fällen wird man aber beobachten, daß sich ein Circulus vitiosus ausbildet, der als sogenannte **Schmerz-Spasmus-Schmerz-Hypothese** bezeichnet wird. Diese Vorstellung basiert auf der Überlegung, daß sich der Spasmus, besser der Hypertonus der Muskulatur, über längere Zeit durch bestimmte Vorgänge, etwa hypoxische Zustände, über Afferenz-Efferenz-Schaltungen, weiterhin erhöht und damit einen Kreislauf in Gang bringt, der unabhängig vom Primärauslöser eine Verselbständigung der muskulären Störung hervorruft.

Nach Mense besitzt der Muskeltonus zwei Bestandteile, nämlich eine *viskoelastische* und eine *neurogene* Komponente. Ein normaler, entspannter Muskel zeigt nach Mense in Ruhe keine EMG-Aktivität, besitzt aber noch einen viskoelastischen Tonus. Die Viskosität des Muskels ist nicht konstant, sondern ändert sich durch Bewegung. Das Muskelgewebe hat demnach *thixotrope* Eigenschaften.

Ein entspannter Muskel zeigt in Ruhe keine EMG-Aktivität

Findet sich innerhalb eines Muskels eine lokale Erhöhung des viskoelastischen Tonus, so wird man einen sogenannten **Triggerpunkt** finden, von dem man annimmt, daß er eine Kontraktur weniger Muskelfasern beinhaltet, d. h. eine Aktivierung des Aktin-Myosin-Systems ohne Erregung der neuromuskulären Endplatte. (Zum Begriff und Definition der Triggerpunkte s. Kap. 4.4, S. 26.)

Wie Müller zeigen konnte, liegt im Zentrum des Triggerpunktes eine hochgradige Hypoxie vor, wenngleich andere Muskelzentren des gleichen Muskels eher eine stärkere Sauerstoffanreicherung zeigen, ein Umstand, der bei verschiedenen Autoren zu kontroversen Aussagen führt. Die Hypoxie im Triggerpunktgebiet ist vermutlich die Ursache für das Unterhalten der Triggerpunktsituation an sich.

Über die sehr komplizierte Schmerzleitung und Schmerzwahrnehmung möchte ich mich in diesem Zusammenhang bewußt sehr kurz fassen, da Basisinformationen ausreichen, eine diagnostische Bewertung vorzunehmen und entsprechende therapeutische Konsequenzen zu ziehen:

Afferente Nerven innerhalb der Muskulatur befinden sich im Mesenchym (Gefäß-Bindegewebsanteil) und an den myotendinösen Insertionen, also im Bereich der Sehnenansätze und der Faszien. Im Gegensatz zu früheren Vorstellungen befinden sich im Muskelparenchym selbst keine Schmerzrezeptoren (Pongratz). Pongratz unterscheidet generell einen **mesenchymalen Muskelschmerz** von einem **tendomyotischen Muskelschmerz** (Abb. **1**). Ersterer, also der mesenchymale Muskelschmerz, äußert sich wie ein heftiger Muskelkaterschmerz. Er ist bedenklicher und prognostisch ungünstiger als der punktförmig auftretende Muskelschmerz, der an den Sehnenansätzen und Faszien entsteht. Nach Meinung von Pongratz ist der mesenchymale Muskelschmerz ein Hinweis auf eine Muskelentzündung (Myositis), wobei lymphozytäre Infiltrate die Muskelfasern schädigen. Auch bei Auftreten von Fasernekrosen und gleichzeitiger histiozytärer Abwehrreaktion kommt es zu Muskelschmerzen im Mesenchym. In diesem Fall entsteht der Schmerz durch Freisetzen von Histamin und Reizung freier Nervenenden.

Der Muskelschmerz ist entweder mesenchymal oder tendomyotisch

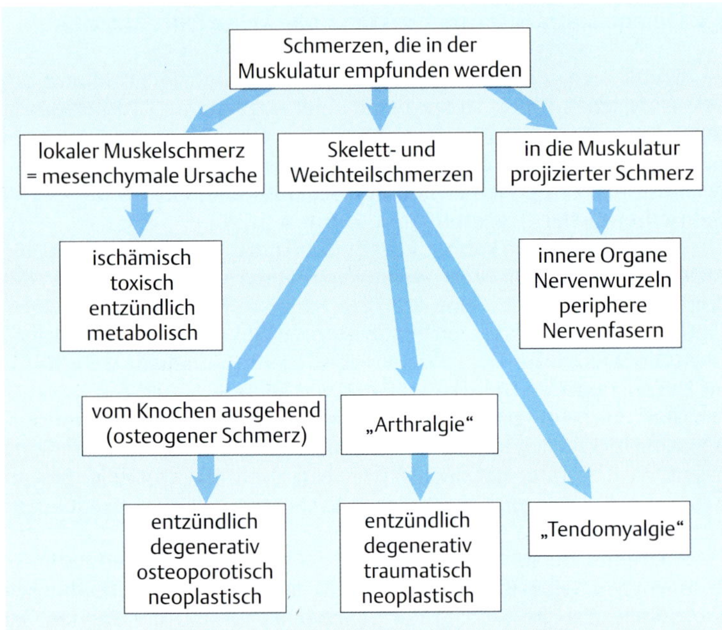

Abb. **1** Entstehung der Muskelschmerzen (modifiziert nach Pongratz).

Muskelschmerzen beim typischen Muskelkater entstehen durch segmentale Fasernekrosen, die durch Mikrotraumen hervorgerufen werden. Der Schmerz wird durch Reparationsvorgänge und Abräumaktionen des Körpers erklärt.

! „Muskelkater“ = Fasernekrosen infolge Mikrotraumen

Permanente Muskelschmerzen werden in aller Regel durch Tendomyopathien hervorgerufen. Ein sicheres morphologisches Korrelat läßt sich hierbei nicht finden. Man kann allenfalls bei lang bestehenden Leiden das Bild einer durch die Inaktivität entstandenen Atrophie der phasischen Fasern (s. Kap. 4.**1**, S. 19 ff.) entdecken. Chronifizierte tendomyotische Schmerzzustände werden auch als *Fibromyalgie* bezeichnet, die Zusammenhänge dieser Schmerzzustände und ihre Bewertung erfolgt an späterer Stelle.

3.2 Muskelschmerz und Funktionsdefizit

Die Muskulatur funktioniert immer nur in Einheit mit den diversen Gelenkpartnern und ist von deren Funktionalität direkt abhängig. Ist einer der Partner funktionsgemindert, wird zwangsläufig auch die gelenkführende Muskulatur von dieser Störung betroffen. Funktionspartner der Muskulatur sind das zu bewegende Gelenk selbst mit allen seinen Strukturen, wie Knorpel, Kapseln, Bandstrukturen (z. B. Kreuz- und Seitenbänder des Kniegelenks), Menisken, Bursen, Synovia, aber auch Bindegewebe, Haut, Gefäße und Nerven. Die Verletzungsmöglichkeiten eines dieser genannten Partner sind naturgemäß vielfältig. Von direkten Traumen über thermische, chemische und entzündliche Veränderungen sind alle Varianten denkbar. Ausschließliche Hautverletzungen können ebenfalls geeignet sein, über schmerzreflektorische Bewegungshemmung eine Kettenreaktion der entsprechenden Muskeln herbeizuführen.

In der Neurologie kennt man ein eigenes Krankheitsbild, das als *repetitive strain injury* bezeichnet wird. Es handelt sich hierbei um eine Störung, die vor allen Dingen die Muskellogen betrifft, durch die Nervenstrukturen hindurchziehen und unter bestimmten Bedingungen eine Kompression erfahren. Wird etwa die entsprechende Muskulatur durch einen Dauertonus verändert, führt dieser zu einer Einengung der Durchtrittspforte für den Nerv. Auffällig ist dies z. B. in der Supinatorloge, durch die der Nervus radialis zieht. Bei vorbestehender hypertoner Ausgangssituation in diesem Bereich kommt es bereits bei kleinsten feinmotorischen Bewegungen, etwa beim Schreiben oder Bedienen von Tasten (PC oder Klavier), zu erheblichen Reizungen des Nervs. Das Krankheitsbild wird in der neuzeitlichen deutsch-sprachigen Literatur ebenso wie in der Laienpresse als „Maus-Krankheit“ beschrieben.

In diesem Zusammenhang sollte auch der Begriff der *„neuronal hypersensitivity“* Erwähnung finden: Neuronale Strukturen werden mechanisch gereizt, wenn hypertone Muskeln diese durch die anatomische Situation zwischen Sehnenfasern und Muskeln komprimieren oder aber wenn Nervenstrukturen zwischen Sehnenfasern und Periost eingeklemmt werden. Diese Engpässe erzeugen „neuromuskuläre Triggerpunkte“.

Nicht nur eine Hypertonie des entsprechenden Muskels führt zu einer zusätzlichen Kompression, sondern auch eine Dehnung des Muskels bei gleichzeitiger Hypertension.

Diese „neuromuskulären Triggerpunkte“ sind nicht zu verwechseln mit den myofaszialen Triggerpunkten, wenngleich bei der Palpation häufig aus Unkenntnis der Mechanik und der anatomischen Besonderheiten diese beiden Phänomene verwechselt werden. Therapeutisch wichtig erscheint im ersteren Fall die Mitbehandlung der benachbarten Nerven aus dem gleichen Plexus.

Seit Jahrzehnten wissen wir, daß Affektionen innerer Organe sich in den sogenannten **Head-Zonen** schmerzhaft manifestieren. Head, Neurologe aus London, hat um die letzte Jahrhundertwende dieses Phänomen beschrieben. Unter einer solchen nach ihm benannten Zone versteht man ein definiertes Hautareal, in dem eine über das zugehörige Rückenmarksegment laufende Querverbindung (zwischen dem somatischen und dem vegetativen Nervensystem) zugeordneter innerer Organe besteht. Eine solche schmerzhafte Zone erstreckt sich über mehrere Dermatome und weist einen reflektorisch bedeutsamen Maximalpunkt auf. Die Irritation eines inneren Organs kann über einen sogenannten **viszerokutanen Reflex** Schmerzen in einem Hautareal erzeugen. Umgekehrt kann man durch das beschriebene Reflexgeschehen mit einem sogenannten **kutiviszeralen Reflex** über die Haut innere Organe beeinflussen.

In Zusammenhang mit der muskulären Dysbalance sind solche Erkenntnisse insofern bedeutsam, als etwa eine Irritation der Gallenblase durch Gallensteine über die Head-Zonen das Dermatom in Höhe D5 und D6 rechtsseitig irritiert und bei einer zu Blockierungen neigenden Person leicht rezidivierende Kostotransversalblockierungen herbeiführen kann. Die Blockierung der Rippenwirbelgelenke erklärt man sich als Folge der schmerzbedingten Muskelverkürzung (muskuläre Dysbalance, siehe spätere Kapitel) über den Pathomechanismus der arthromuskulären Funktionsstörung. Wird der Störfaktor, in diesem Fall das Gallensteinleiden, behoben, wird sich im günstigsten Fall die Störwirkung auf die Rückenpartie zurückbilden und die eingetretene muskuläre Dysbalance wieder in einer Muskeleutonie aufgehen. Hat sich aber, was in vielen Fällen beobachtet wird, eine Verselbständigung der muskulären Dysbalance eingestellt, wird auch nach Beseitigung der primären Noxe, in diesem Fall also des Gallensteinleidens, die muskuläre Dysbalance fortbestehen.

Da eine Fülle von Fernwirkungen innerer Organe auf bestimmte Zonen des Rückens beobachtet werden können, scheint es in diesem Zusammenhang notwendig, bei Schmerzen im Rückenbereich zumindest an das Vorhandensein von Störungen innerer Organe zu denken.

Die von Hansen und Schliack dargestellte segmentale Innervation wurde 1968 veröffentlicht und hat nach wie vor uneingeschränkt Gültigkeit (Tab. **1**).

Tab. **1** Segmentale Innervation

Organe	**Dermatom**	**Körperseite**
Herz	C 3 – 4, Th 1 – 5	vorw. rechts
Aorta thoracica	C 3 – 4, Th 1 – 7	beidseits
Pleura	Th 2 – 12	homolateral
Lungen	C3 – 4	homolateral
Ösophagus	Th 1 – 8	beidseits
Magen	Th (5) 6 – 9	links
Leber u. Gallenwege	Th (5) 6 – 9 (10)	rechts
Pankreas	Th 6 – 9	vorw. links
Duodenum	Th 6 – 10	rechts
Jejunum	Th 8 – 11	links
Ileum	Th 9 – 11	beidseits
Zäkum, prox. Kolon	Th 9 – 10, L 1	rechts
Distales Kolon	Th 9 – L 1	links
Rektum	Th 9 – L 1	links
Niere u. Ureter	Th 9 – L 1 (2)	homolateral
Adnexe	Th 12 – L 1	homolateral
Peritoneum	Th 5 – 12	beidseits
Milz	Th 6 – 10	links

Abgesehen von den geschilderten Projektionsfeldern in die Haut, die durch innere Organe entstehen, können aber auch direkte Traumatisierungen eines Skelettabschnittes eine muskuläre Dysbalance auslösen. Das Trauma führt zu einer Bewegungshemmung, um die im Stadium der Ruhigstellung erforderlichen Reparationsvorgänge zu verbessern.

Diese zweifellos äußerst zweckmäßige biologische Einrichtung verliert dann ihren Nutzeffekt, wenn die muskuläre Verkürzung weiterbesteht. Kommt der Schmerz als Ursache einer Verkürzung in Frage, kann auch die *Schmerzschwelle* die Muskulatur beeinflussen. Die Schmerzschwelle ist bekanntlich individuell unterschiedlich, nicht nur von Mensch zu Mensch, sondern unter bestimmten Bedingungen auch bei ein und demselben Individuum. In Zeiten optimaler gesundheitlicher Bedingungen, guter Konditionierung und psychischer Leistungsfähigkeit ist sie bekanntlich deutlich höher als zum Zeitpunkt einer Erkrankung, einer Übermüdung bzw. einer nachvollziehbaren psychischen und physischen Streßsituation. Die Schmerzqualität und die Auswirkung des Schmerzes sind im letzten Fall für die Betroffenen erfahrungsgemäß viel schwerwiegender und langanhaltender als bei der erstgenannten Situation.

3.3 Muskelkrämpfe

Es darf als gesichert angesehen werden, daß Muskelkrämpfe *nervlich bedingt* sind. Inwieweit die nervliche Ursache zentral oder peripher zu suchen ist, wird noch weitgehend kontrovers diskutiert. Ein von Lambert vor über 25 Jahren durchgeführtes Experiment erbrachte folgende Erkenntnisse: Bei einem gesunden Kollektiv wurden Muskelkrämpfe entweder durch willkürliche Kontraktion oder durch elektrische Stimulation hochfrequenter Impulse ausgelöst. Die Untersuchungsergebnisse zeigten, daß Muskelkrämpfe durch elektrische Stimulation der peripheren Nerven induziert werden können, sogar auf der distalen Seite einer nervalen Blockierung. Die entscheidenden Auslösemechanismen sind hierbei offensichtlich die Stimulierungsfrequenz. Bei den Probanden, bei denen eine willkürliche Kontraktion als Stimulus gewählt wurde, kam es ohne bestehende Verkürzung des Muskels bei keinem der Untersuchten zu einer Krampfsituation.

! Ein Muskelkrampf entsteht immer durch nervale Stimulation

Bei Dehnung des Muskels kann man den bestehenden Krampf experimentell immer unterbrechen. Hierbei ist es gleichgültig, ob der entstandene Krampf durch willkürliche Kontraktion oder durch elektrische Stimulation peripherer Nerven provoziert wurde.

! Ein Muskelkrampf kann immer durch Dehnung beseitigt werden

3.4 Chronischer Muskelschmerz und „Schmerzgedächtnis“

Über Ursachen und Gründe des akuten Muskelschmerzes wurde in den vorigen Kapiteln bereits berichtet. Gerade die akuten Schmerzzustände im Bereich der Wirbelsäule bergen offensichtlich eine besondere Gefahr der Chronifizierung und die Entwicklung eines sogenannten „chronic-pain-Syndroms“ in sich. Bei genauer Analyse dieses Syndroms zeigt sich, daß drei grundsätzliche Faktoren der Chronifizierung Vorschub leisten:

- nicht ausreichend behandelter Akutschmerz
- Entwicklung eines Teufelskreises im Sinne des Schmerz-Spasmus-Schmerz-Mechanismus (siehe oben)

- strukturelle Veränderungen der Schmerzmatrix im Zentralnervensystem.

Melzack konnte 1971 nachweisen, daß amputierte Patienten dann vermehrt über Phantomschmerzen berichten, wenn der Schmerz vor der Amputation ungenügend analgetisch therapiert wurde und sich offensichtlich eine „Einbahnstraße“ in Richtung der Schmerzbahnung gebildet hat. Melzack hat bereits zu diesem Zeitpunkt erstmals den Begriff eines **Schmerzgedächtnisses** geprägt. Coderre bestätigt diese Vorstellung eines Schmerzgedächtnisses auf Grund seiner umfangreichen Untersuchungen aus dem Jahr 1993. Schmerzforscher wie Zimmermann und Zieglgänsberger sind heute der Meinung, daß das Schmerzgedächtnis das Hauptproblem bei der Chronifizierung von muskuloskelettalen Schmerzen darstellt. Die letztgenannten Forscher sind einhellig der Meinung, daß der akut auftretende Schmerz ein physiologisches Phänomen darstellt, das ein lebensnotwendiges Prädikat besitzt. Erst wenn durch Chronifizierungsvorgänge die ursprüngliche Funktion des Schmerzes als Warnsignal verlorengegangen ist, erhält der Schmerz einen pathologischen Charakter. Die Chronifizierung entsteht offensichtlich dadurch, daß wiederholte Reizung der peripheren Schmerzrezeptoren (Nozizeptoren) zu deren Sensibilisierung und in Folge auch zu strukturellen Veränderungen des gesamten nozizeptiven Systems führt. Angriffspunkt dieser Sensibilisierungsvorgänge sind die Natriumkanalproteine, die nach neuesten Forschungsergebnissen bei der Auslösung von Aktionspotentialen und somit bei der Reizleitung eine entscheidende Rolle spielen. Beim Chronifizierungsvorgang sind sehr schwache Schmerzreize bereits in der Lage, Aktionspotentiale und damit letztendlich Schmerzempfindungen auszulösen, die dann als Folge der Sensibilisierung die Spinalganglionzelle aktivieren. Diese Spinalganglionzelle reagiert auf den ständigen „Input“ aus Aktionspotentialen mit einer gesteigerten Gentranskription und konsekutiv mit vermehrter Synthese von Neurotransmittern, Ionenkanälen und Rezeptoren, wie Fields 1994 nachweisen konnte.

Als Folge des Chronifizierungsprozesses reagieren die Neurone der Schmerzmatrix auf den gleichen Reiz immer stärker. Wie Zieglgänsberger 1997 feststellte, entwickelt sich durch die Umstrukturierung und Neusynthese von Natriumionenkanälen eine erhöhte Empfindlichkeit der Nervenzellen. Das Glutamat steigt an, und Serotonin wird vermehrt verbraucht, so daß eine meßbare relative Serotoninunterversorgung erkennbar wird. Die individuelle Reizschwelle wird dadurch mehr oder weniger gesenkt, und es entstehen sogar Spontanaktivitäten an den

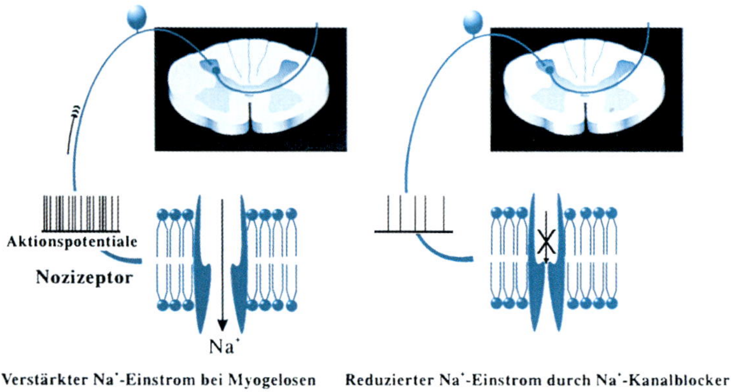

Abb. **2** Na^+-Kanalblocker löschen das Schmerzgedächtnis. Modell von Prof. Zieglgänsberger, München.

entsprechenden Neuronen. Praktisch bedeutet dies, daß bereits geringste Reize, sogar leichte Berührungen (z. B. Kleiderstoff) schmerzhaft werden können („Panalgesie"). Die gleichen Reize rufen ohne den angesprochenen Chronifizierungsvorgang bei gesunden Menschen keinerlei Schmerzantwort hervor.

Generell ist es möglich, eine Rückbildung dieser strukturellen Veränderungen bei bereits chronifizierten Schmerzen zu erreichen, jedoch nur unter der Prämisse, daß in dieser Rückbildungsphase keine erneute Induktion durch Schmerzreize erfolgt (Abb. **2**). Dies gelingt durch eine hochdosierte analgetische Therapie mit einer Substanz, die in den Pathomechanismus der Schmerzchronifizierung entscheidend eingreift.

3.5 Medikamentöse Therapie des Muskelschmerzes

Die vermutlich älteste Therapieform überhaupt ist die der Schmerzlinderung. Uralte Erfahrungen über reflektorische Schmerzbeeinflussung sind sicherlich so weit zurückreichend wie die Menschheit selbst. Sehr früh haben Menschen auch analgetische Wirkungen bestimmter

Pflanzen erkannt und die Möglichkeit einer **peripheren** oder **zentralen Schmerzunterbrechung** erfaßt. Viele der über Jahrhunderte gebräuchlichen starken Schmerzmittel waren Opiate oder opiatähnliche Substanzen. Sie besaßen zwar einen guten analgetischen Effekt, wiesen daneben aber mehr oder weniger starke unliebsame Begleiterscheinungen auf, so z. B. Unverträglichkeiten und Abhängigkeitsentwicklungen. Folge dieser Phänomene war und ist es zum Teil auch heute noch, daß viele Ärzte mit der Verordnung von starken Schmerzmitteln sehr zurückhaltend sind. Diese – besonders deutsche Ärzte kennzeichnende restriktive Haltung – unter bestimmten Indikationen hochdosiert analgetisch zu therapieren, ist unverständlich und nicht selten die primäre Ursache zur Erzeugung von chronifizierten Schmerzen (Zimmermann).

Heute kann es als verbindlich angesehen werden, daß ein Großteil der chronifizierten Schmerzen durch rechtzeitige Prävention unterbunden werden kann. Eine solche ist durch den Einsatz von sogenannten **Natriumkanalblockern**, wie z. B. Tolperison, möglich. Diese Medikamente greifen vorwiegend an der Nervenzellmembran im nozizeptiven System an und modulieren die Kinetik der Natriumionenkanäle. Das hat zur Folge, daß der Natriumioneneinstrom reduziert wird und weniger Schmerzreize von der Peripherie in das Zentralnervensystem weitergeleitet werden. Der Patient wird dadurch schmerzfrei. Die Chronifizierung von Schmerzen kann auf diese Weise wirksam verhindert werden.

Entscheidend hierfür ist der rechtzeitige Einsatz wirksamer Medikamente, da sich die entwickelnde Schmerzgedächtnisspirale um so schwerer unterbrechen läßt, je länger die Chronifizierung besteht. Auch bei fortgeschrittenen Erkrankungsstadien ist der Einsatz von Natriumkanalblockern sinnvoll, da eine „Löschung des Schmerzgedächtnisses" grundsätzlich durch eine Reduktion der eintreffenden Schmerzreize in den höheren Zentren des schmerzverarbeitenden Systems möglich ist.

Neben den erwähnten Natriumkanalblockern kommen auch andere Substanzgruppen in der Therapie der akuten und chronifizierten schmerzhaften Muskelverspannungen zur Anwendung. Die meisten dieser Medikamente bergen jedoch nicht zu unterschätzende Risiken. Der Einsatz von zentral wirkenden **Myotonolytika** z. B. ist meist nur um den Preis der Vigilanzbeeinträchtigung möglich. Die ebenfalls häufig angewandten, **nichtsteroidalen Antirheumatika** (NSAR) wirken zwar relativ schnell analgetisch, ihr Einsatz ist aber mit einem erheblichen Nebenwirkungsrisiko, speziell im Magen-Darm-Trakt, verbunden. Außerdem wird bei dieser Behandlungsmethode nicht in die spezifischen

Vorgänge der Schmerzgedächtnisbildung eingegriffen. Ist der Einsatz von NSAR nicht zu vermeiden, kann die Menge der benötigten Substanz durch eine Kombinationsbehandlung mit Tolperison deutlich reduziert werden. Damit sinkt dann auch die Nebenwirkungsrate. Als eine weitere medikamentöse Therapiemöglichkeit ist die **Injektion von Lokalanästhetika** (Therapeutische Lokalanästhesie – TLA) zu erwähnen, deren Technik im Kap. 7.7, S. 79 ausführlich dargelegt wird.

Vergleicht man die zur Verfügung stehenden Substanzgruppen, erfüllt der Natriumkanalblocker Tolperison die Anforderungen, die an ein Medikament in der Behandlung akuter und chronischer Muskelverspannungen gestellt werden. Durch den Wirkmechanismus der Natriumkanalblockade an der nozizeptiven Nervenzellmembran greift die Substanz entscheidend in den Pathomechanismus der Schmerzchronifizierung ein. Neben der guten Verträglichkeit, die auch eine Langzeitbehandlung ermöglicht, sind die Patienten aufgrund der fehlenden zentralen Sedierung und Suchtgefahr in der Lage, ihrer üblichen beruflichen Tätigkeit nachzugehen.

4 Muskuläre Dysbalance

4.1 Muskelfaserqualitäten

Die Möglichkeit eines Muskels, sich einer unterschiedlichen Arbeitsweise, nämlich dem *Bewegen* (dynamische Arbeit, also isotonische Muskelkontraktion) und dem *Halten* (statische Arbeit, also isometrische Muskelkontraktion) zu bedienen, wird nach muskelphysiologischen Erkenntnissen auf morphologisch unterschiedliche Muskelfasertypen zurückgeführt.

Beim Zubereiten von Fleischspeisen sieht man, daß bei ein und demselben Tier unterschiedliche Fleisch-, also Muskelanteile auch unterschiedliche Färbungen aufweisen. Bei einem Truthahn z. B. findet man sowohl farblich als auch in der Konsistenz völlig unterschiedliche Muskelgruppen, je nachdem, ob man die Brust- oder die Schenkelmuskulatur betrachtet. Lichtmikroskopische Beobachtungen haben entsprechende Unterschiede der Muskeln aufdecken können. Krüger hat 1951 über die Grundlagen der tonischen und phasischen Reaktion des quergestreiften Skelettmuskels der Wirbeltiere berichtet. Ähnliche Aussagen traf Günther über die tonische Skelettmuskulatur des Menschen ein Jahr zuvor. 1954 traf Günther bemerkenswerte Aussagen über das 'muskuläre Tonussubstrat im Zusammenhang mit dem Muskelrheumatismus.

Zweifellos ist es das Verdienst von Janda, beim Menschen mindestens zwei unterschiedlich reagierende Muskelgruppen zu definieren. Er bezeichnete sie nach deren Hauptfunktionen als **tonische** bzw. **phasische** Muskeln. Zudem stellte er heraus, daß alle Skelettmuskeln Mischformen tonischer und phasischer Gruppen aufweisen, wobei typischerweise bestimmte Muskeln größere Anteile der tonischen bzw. umgekehrt größere Anteile der phasischen Fasern enthalten.

! Jeder Skelettmuskel besitzt unterschiedlich viele Anteile an tonischen und phasischen Fasern

In den folgenden Jahren kam es durch vielfache Untersuchungen zu kontroversen Vorstellungen darüber, ob die Zugehörigkeit bestimmter Muskelgruppen zu eher tonischen oder eher phasischen Anteilen bei allen menschlichen Individuen gleich ausgeprägt, also determiniert ist oder ob durch bestimmte Beanspruchung ein und dieselbe Muskelgruppe eher tonisch oder eher phasisch reagiert.

Heute neigt man mehr zu der Vorstellung, daß *phylogenetische* Einflüsse die eher phasische oder tonische Muskulatur bestimmen, wobei offensichtlich phylogenetisch ältere Muskelgruppen größere Anteile an tonischen Fasern, jüngere dagegen vermehrt phasische Anteile aufweisen.

! Der Anteil an tonischen oder phasischen Fasern ist phylogenetisch vorbestimmt

Die vermehrt durch tonische Fasern durchsetzte Skelettmuskulatur erscheint dünner und mehr dunkelfarbig bzw. rot, während die vorwiegend phasische Gruppierung dicker und blaß gefärbt bzw. weiß erscheint. Der Farbunterschied der Fasern ist durch den verschiedenen Gehalt an rotem Muskelfarbstoff, dem **Myoglobin**, bedingt. Untersucht man die Reaktionsfreudigkeit der tonischen und phasischen Fasern, so kann man feststellen, daß die phasischen Faseranteile eine hohe Konzentrations- und Erschlaffungsgeschwindigkeit aufweisen, so daß man sie auch als schnelle Zuckungsfasern (im englischen Sprachgebrauch fast twitch-Fasern, abgekürzt *FT-Fasern*) bezeichnet. Umgekehrt weisen die tonischen, also roten Fasern, im Gegensatz dazu eine langsame Konzentrations- und Erschlaffungsgeschwindigkeit auf, weswegen sie auch als slow twitch-Fasern, abgekürzt *ST-Fasern*, bezeichnet werden. Eine andere Nomenklatur bezeichnet die tonischen, also ST-Fasertypen, als *Typ-I-Fasern*, während die phasischen, blassen Fasern als *Typ-II-Fasern* bezeichnet werden.

tonische Fasern	= ST-Fasern	= Typ I	= rot	= dünn
phasische Fasern	= FT-Fasern	= Typ II	= weiß	= dick

Dieses breite Spektrum der einzelnen Bezeichnungen führt häufig zu Verwirrung, so daß ich bei den weiteren Ausführungen die ursprüngliche Bezeichnung von Janda vorziehen möchte und konsequenterweise von tonischen und phasischen Muskeln sprechen werde, da sie vom Wortverständnis her die einleuchtendste Interpretation gewährleistet.

Sixton und Gersten haben gezeigt, daß die maximale isometrische Muskelspannung bei den tonischen Muskelfasern größer als bei den phasischen ist, die Spannungsentwicklung bei den phasischen jedoch signifikant rascher als bei den tonischen ist. Die Glukoseaufnahme ist in den tonischen größer als in den phasischen, der Glukoseabbau im Hinblick auf die spezifische Aktivität des Glykogens ist in den tonischen erheblich langsamer als in den phasischen.

Die phasischen Anteile werden von größeren Motoneuronen innerviert als die tonischen, wobei die kleineren, den tonischen Muskelanteilen zugeordneten Alphamotoneurone, längere Entladungsserien zeigen.

Experimentelle Untersuchungen haben nachweisen können, daß tatsächlich – je nach Anforderung bzw. Trainingsintensität – bis zu einem gewissen Grad der Anteil von tonischen in phasische oder umgekehrt phasische in tonische Bevorzugung stattfinden kann. Generell ist aber bei allen Individuen eine Bevorzugung bestimmter überwiegender Anteile zur einen oder zur anderen Gruppe erkennbar. Diese natürliche bzw. individuelle „Veranlagung“ war in den Ostblockstaaten und der früheren DDR der Grund zur Selektion von Kindern, die man je nach „Muskeltyp“ schon sehr früh einer bestimmten sportlichen Karriere zuführte, je nachdem, ob eher eine Ausdauerveranlagung oder eine Veranlagung mit Schnelleistung erkennbar vorlag.

Im übrigen hat bereits Kohlrausch bei einem Vergleich von Probeexzisionen aus Gesäßmuskeln von Zugtieren gegenüber Tieren derselben Spezies, die nicht als Zugtiere eingesetzt wurden, nachweisen können, daß erstere über wesentlich mehr tonische Muskelfasern verfügten als die andere Gruppe. Hieraus folgerte er, daß sich die Muskulatur im Verlaufe des Lebens offenbar an die jeweilige Belastungsart mehr oder weniger stark anpassen kann. Auf den Menschen übertragen bedeutet dies, daß Sprinter überwiegend größere Anteile an phasischen, Langstreckenläufer dagegen vornehmlich mehr tonische Muskelfasern haben müßten. Costill konnte diese Hypothese durch Untersuchungen an Weltklassesprintern und Langstreckenläufern bestätigen. Man muß in diesem Zusammenhang feststellen, daß aus einem Langstreckenläufer nur unter extrem großer Anstrengung ein Weltklassesprinter werden kann und umgekehrt, was letztlich die Hypothese der anlagemäßigen Bevorzugung der einzelnen Muskelgruppen mit den jeweiligen Fasern unterstreicht.

Bleiben wir bei der Bezeichnung der tonischen und phasischen Muskelanteile, wie sie Janda beschrieben hat: Die tonische Gruppe, die insbesondere statische Arbeit leistet und daher durch ihre ständige Aktivität nahezu einen Dauertonus besitzt, beteiligt sich an den verschiedensten Bewegungsabläufen häufiger als die Gruppe mit den vorwiegend phasischen Anteilen. Das bedeutet, daß die tonischen Muskelgruppen stärker als die phasischen aktiviert werden.

Die tonischen Muskelfasern beteiligen sich an den Alltagsbewegungsabläufen häufiger (intensiver)

Bei gesunden Menschen stehen die tonischen und phasischen Gruppen nahezu im Gleichgewicht. Besteht eine Abschwächung der Kräftegleichgewichte, etwa durch Einseitigkeit der Bewegung oder durch Überbeanspruchung, z. B. bei Leistungssportlern bzw. andererseits durch erzwungene Bewegungsarmut (postoperative Immobilisation), so ändert sich das Gleichgewicht schnell. Bekannt ist auch, daß Schmerzzustände und Entzündungen sowie Verletzungen an Muskeln Störungen der Balance hervorrufen.

Auf Grund mehrjähriger Beobachtungen habe ich feststellen können, daß die mehrgelenkigen Muskeln zu den vorwiegend tonischen Muskelgruppen zählen, während die vorwiegend phasisch wirkenden Muskeln fast ausnahmslos monosegmentale, also eingelenkige Muskeln sind. Der Quadrizeps, der sich aus ein- und mehrgelenkigen Muskeln zusammensetzt, folgt diesem Prinzip: Der M. rectus femoris, der einzige zweigelenkige Muskel dieser Gruppe, reagiert unter krankhaften Bedingungen mit einer Verkürzung, während die eingelenkigen Anteile, insbesondere der M. vastus medialis, sehr rasch atrophieren bzw. sich in ihrer Kraft abschwächen. Ähnliches gilt für den M. trizeps surae sowie für den M. erector spinae. Beide setzen sich bekanntlich aus monosegmentalen und plurisegmentalen Muskeln zusammen.

Mehrgelenkige Muskeln haben einen höheren Anteil an tonischen, eingelenkige Muskeln einen höheren Anteil an phasischen Fasern

Kalimo konnte auf Grund von histologischen Untersuchungen bestätigen, daß der plurisegmentale M. multifidus nach Bandscheibenvorfällen nicht atrophiert, im Gegensatz dazu die kleinen, monosegmentalen Rotatoren jedoch sehr rasch. Janda bestätigt diese Aussage.

Ausgehend von unserer heutigen motororientierten Denkungsweise ließe sich folgender Vergleich dieser beiden Muskelgruppen anstellen: Die tonische Muskulatur, die eine ständige Haltearbeit erledigen soll, entspräche einem Golf-Diesel-Auto. Dieser Typ ist für eine dauerhafte, sparsame Leistung konzipiert, verbraucht relativ wenig Energie, ist aber andererseits träge, was Leistungsspitzen anbelangt. Im Gegensatz dazu steht der Golf GTI als Pendant für die phasischen Muskeln. Hier ist folgendes Prinzip erkennbar: rasche Beschleunigung, relativ hoher Energieverbrauch, kurzzeitiger Einsatz für hohe Leistungsanforderung.

tonische Muskeln = „Golf Diesel“
phasische Muskeln = „Golf GTI“

Um sich bei der Diagnostik und später auch bei der Therapie von Muskeldysbalancen eines gewissen Schemas bedienen zu können, scheint es sinnvoll, die bekannten vorwiegend tonischen sowie die bekannten vorwiegend phasischen Gruppen a priori zu unterscheiden:

Zu den vorwiegend **tonischen Gruppen** gehören:
- oberer Anteil des M. trapezius
- M. levator scapulae
- ein Teil des M. pectoralis major
- die oberflächlichen, also plurisegmentalen Teile der Rückenstrecker
- M. quadratus lumborum
- M. iliopsoas
- M. tensor fasciae latae
- Oberschenkeladduktoren
- ischiokrurale Muskulatur
- M. rectus femoris
- M. gastrocnemius

Die Hauptvertreter der **phasischen Gruppe**, also diejenigen, die zur Hemmung, Abschwächung bzw. Pseudoparese neigen, sind folgende:
- mittlerer und distaler Anteil des M. trapezius
- M. serratus lateralis
- Mm. rhomboidei
- Bauchmuskeln
- Glutäalmuskeln
- M. soleus

Die nicht genannten übrigen Skelettmuskeln sind vorwiegend gemischt, verhalten sich also, was die Verkürzungsneigung bzw. die Neigung zur Abschwächung betrifft, eher neutral. Durch geeignetes Training kann man bei den meisten der gemischten Gruppen eine vermehrte Faserdichte der einen oder anderen Gruppe antrainieren.

! Bei gleichen Anteilen von tonischen und phasischen Muskelfasern kann durch spezifisches Training die eine oder andere Gruppe dominieren

Störungen, die ein Überwiegen der Kraft der tonischen Gruppen bewirken, führen zu dem bereits angesprochenen Zustandsbild der **Muskeldysbalance**.

! Muskeldysbalance ist das pathologische Überwiegen der tonischen Muskelanteile

Ein wichtiger Entstehungsmechanismus dieser Muskeldysbalance ist nach wissenschaftlichen Untersuchungen von Brügger eine Fehlbelastung der Strukturen des arthromuskulären Systems.

Wir wissen heute, daß alleine eine unphysiologische Belastungshaltung im arthromuskulären System die funktionsabhängigen Muskelgruppen über propriozeptive Afferenzen der Gelenkrezeptoren, je nach ihrer Zugehörigkeit zur tonischen oder phasischen Gruppe, unterschiedlich beeinflußt. Damit ist der Weg zu einer muskulären Dysbalance geebnet.

! Muskeldysbalance entsteht z. B. durch Fehlfunktion des arthromuskulären Systems

4.2 Reflektorische Hemmung und reziproke Innervation

Die Muskeln, die durch ihre Funktion die Fehlhaltung verstärken, werden reflektorisch über die efferenten Einflüsse gehemmt, während jene Muskeln, die durch ihre Funktion die Fehlhaltung beseitigen helfen, aktiviert werden. Lassen Sie sich am Beispiel des schmerzhaften Kniegelenkergusses diesen Mechanismus der Dysbalance erklären: Über das beschriebene Afferenz-Efferenzmuster kommt es zu einer verminderten Aktivität des M. rectus femoris. Diese verminderte Aktivität kann man elektromyografisch messen. Ist der schmerzhafte Kniegelenkserguß beseitigt, finden sich elektromyografisch wieder annähernd normale Werte. In einigen Fällen bleibt eine fehlerhafte Aktivität des M. rectus femoris auch nach Wiederherstellen der Kniefunktion erhalten, so daß sich zunehmend eine Verkürzung einstellt, die ihrerseits durch Erhöhung des Anpreßdruckes der Patella auf ihr Gleitlager der Femurkondylen eine schmerzhafte Kniefunktionsstörung erzeugt. Das Mißverhältnis zwischen Anpreßdruck und Anpreßtoleranz des Kniegleitlagers führt zu dem Krankheitsbild der Chondropathia patellae.

Wenn sich mehrgelenkige Muskeln bei einer Fehlbeanspruchung verkürzen und eingelenkige eher zur Atrophie neigen, so trifft dies selbstverständlich auch auf den M. quadrizeps zu: Der verkürzte M. rectus femoris (zweigelenkiger Anteil) führt zum vermehrten Anpreßdruck der Kniescheibe, während der medial gelegene M. vastus medialis (eingelenkiger Anteil des M. quadrizeps) infolge seiner phasischen Funktion schwächer wird und damit die Patella nicht genügend nach medial leiten kann, was gleichbedeutend mit einem Lateralisationseffekt ist.

Wenn in früheren Jahren Orthopäden einheitlich der Meinung waren, daß die Ausbildung einer Chondropathia-patellae-Symptomatik fast ausschließlich eine Dysplasieform der Kniescheiben als Ursache haben müßte, so konnte diese Fehleinschätzung unter anderem durch Arbeiten von Brügger und Janda grundlegend widerlegt werden.

Auf Grund neurophysiologischer Gesetzmäßigkeiten (Sherrington) führt bei bestehender Muskeldysbalance die aktivere tonische Gruppe im Sinne der reziproken Innervation zu vermehrter Gleichgewichtsstörung. Schließlich kommt es bei der phasischen Gruppe nicht nur zur zunehmenden Schwäche, sondern sogar zu einer Pseudoparese.

! Die reziproke Innervation verstärkt die Neigung zur Muskeldysbalance

In der Körperstatik zeigt sich diese Dysbalance in besonders deutlicher Form: Es kommt zur Ausbildung einer Beckenkippfehlstellung mit gleichzeitigem Herabsinken des Sternums nach kaudal. Die Wirbelsäule erfährt durch diese Änderung der Grundhaltung eine vermehrte Brustkyphose und eine verstärkte Lendenlordose. Gleichzeitig kommt es zu einer Fehleinstellung des Kopfes nach ventral, zu einer vermehrten Innenrotation der Schultern und zu einer Verkürzung der Trapezius- und Levator-scapulae-Muskulatur sowie der Pektoralis-Gruppen. Daraus resultiert zwangsläufig eine Verkürzung der ischiokruralen Muskulatur mit Ausbildung von Genua recurvata. Die genannte Reihenfolge der pathologischen Mechanismen ist erfahrungsgemäß auch umgekehrt möglich, das Resultat bleibt aber immer das gleiche.

! Die Muskeldysbalance führt zu Änderung der Körpergrundhaltung

4.3 Gestörte Dynamik

Die Muskeldysbalance spielt bei der Dynamik insofern eine wichtige Rolle, als sich Normabweichungen verschiedener Bewegungsabläufe, etwa beim Gehen, negativ auswirken müssen. Durch Verkürzung der Hüftbeuger und der Rückenstrecker (Psoas-Muskulatur, Erector-spinae-Muskulatur) sowie durch Abschwächung der Kraft von Bauch- und Gesäßmuskulatur (phasische Anteile, in diesem Fall Antagonisten) kommt es zu einer Dauerfehlstellung beider Hüftgelenke in leichter Flexion und Anteversion des Beckens. Die entstandene Beckenkippung führt zu einer Hyperlordose der Lendenwirbelsäule, die eine Änderung der Druckverhältnisse in den unteren Lendenwirbelsäulensegmenten, gleichzeitig aber auch zwischen den Hüftköpfen und den Hüftpfannen verursacht.

Im Gangablauf kommen jetzt die mangelhafte Hüftextension und die ungenügende Hüftabduktion durch das Überwiegen der Adduktoren zum Tragen. Um ein volles Bewegungsausmaß beim Gehen zu erzielen, müssen die verminderte Hüftextension und Hüftabduktion durch eine Mitbewegung des Beckens kompensiert werden. Die durch die beschriebene Muskeldysbalance gleichzeitig bestehende Glutäusinsuffizienz verstärkt die Einschränkung der Hüftextension und der Hüftabduktion. Das Zentrum der Bewegung verschiebt sich daher aus dem Hüftgelenk in die untere Lendenwirbelsäule (Brügger). Kompensatorisch kommt es bei jeder Extensionsbewegung des Spielbeines während des Gehens zu einer Hyperextension der Lendenwirbelsäule. Dies führt zu vermehrten Beschwerden, insbesondere an den Gelenkfacetten und Gelenkkapseln und zur Ausbildung des sogenannten Facettensyndroms, das jedem Orthopäden hinlänglich bekannt ist.

! Die Muskeldysbalance führt zur Änderung der Bewegungsabläufe

4.4 Triggerpunkte

4.4.1 Definition

Definitionsgemäß sind Triggerpunkte druckempfindliche Irritationszonen in den myofaszialen Anteilen der Muskelbäuche. Man kann durch Druck, Kälte, Dehnung, Wärme, aber auch unter bestimmten psychischen und physischen Streßeinflüssen an diesen Zonen Schmerzen auslösen. Werden die Triggerpunkte stimuliert, kann man in einem für jeden dieser Triggerpunkte charakteristischen Areal (Referenzzone) ausstrahlende Schmerzen bzw. Muskelkontraktionen provozieren. Man unterscheidet **aktive** und **latente** Triggerpunkte. Unter den latenten Punkten versteht man solche, die erst bei deutlicher Punktreizung unter starkem Druck ausstrahlende Schmerzen auslösen. Bei den aktiven Triggerpunkten entstehen bereits bei physiologischen Belastungen fortgeleitete Schmerzen in die Referenzzonen („referred pain").

! Triggerpunkte verursachen fortgeleitete Schmerzen = referred pain

Der Begriff Triggerpunkt spielt bei Funktionsstörungen des Muskelsystems diagnostisch und terminologisch eine überragende Rolle, wenngleich beim Studium der Literatur auffällt, daß Begriffe wie Triggerpunkte und „Tender points" (s. Kap. 4.6, S. 29) durcheinandergeworfen werden und schon bei der Definition uneinheitliche Kriterien aufgeführt werden.

! Triggerpunkt = Auslösepunkt = lokale Erhöhung des viskoelastischen Tonus in einem Muskelbereich

4.4.2 Ätiologie

Nicht alle Ursachen der Triggerpunktentstehung sind bekannt, man nimmt jedoch an, daß Mikrotraumen, chronische Muskelüberlastungen, aber auch Einwirkung von Kälte und Verletzungen sowie lokale Hypoxien (s. Kap. 3.1, S. 8) kausal herangezogen werden können.

Wenngleich derzeit eine allgemein akzeptierte und wissenschaftlich begründete Erklärung für die bei vielen Patienten vorhandenen Muskelverspannungen fehlt, scheint die Hypothese gültig zu sein, daß die Verspannung nicht durch segmentale Reflexe bedingt ist, sondern durch erhöhte Aktivität deszendierender motorischer Bahnen. Inwieweit auch „Kurzschlußverbindungen" der Verschaltungszentren innerhalb der Afferenzen im spinalen Bereich dafür verantwortlich sind, ist Spekulation.

Die von einigen Autoren vertretene Meinung, daß bei der Fibromyalgie nur Tender points und keine Triggerpunkte gefunden werden, und daß der Nachweis von Triggerpunkten nosologisch andere Krankheitsmerkmale beinhaltet, läßt sich in der täglichen Praxis nicht bestätigen. Bei exaktem Palpationsbefund findet sich häufig ein Nebeneinander von Tender points und Triggerpunkten.

Tender points („Maximalpunkte“) und Triggerpunkte kommen oft gemeinsam vor

4.4.3 Symptomatik

Es wird meist ein dumpfer bis stechender, häufig auch brennender Schmerz, vorwiegend ausgehend vom Triggerpunkt selbst, in die Referenzzone (referred pain) angegeben. Wie bereits in früheren Kapiteln beschrieben, führt die Noxe, die den Schmerz auslöst, zu Veränderungen der Vasomotorik durch Vasokonstriktion, wie auch zu Störungen der Schweißbildung über dem Hautareal (Hyperhidrose).

4.5 Tendomyose

4.5.1 Primäre Tendomyose

Nach Marshall und Pongratz zählt diese Art der Muskelschmerzhaftigkeit zu den nichtentzündlichen Formen und wird als **primäre Tendomyose** bezeichnet. Definitionsgemäß handelt es sich dabei um eine akute oder chronische Überlastungsreaktion einer Muskelgruppe. Sie manifestiert sich meist durch einseitige Belastung einer für diese Tätigkeit wenig adaptierten Muskelgruppe. Der Schmerz sitzt am Muskel-Sehnenübergang und im Bereich der Faszien.

Primäre Tendomyose = Überlastungsreaktion des nicht adaptierten Muskels, Lokalisation am Muskel-Sehnenübergang bzw. in der Nähe der Faszien

4.5.2 Sekundäre Tendomyose

Die **sekundäre Tendomyose** ist kausal primär degenerativen Gelenk- und Wirbelsäulenerkrankungen aber auch Haltungsanomalien zuzuordnen. Im Prinzip handelt es sich um chronifizierte Schmerzzustände, bei denen aus den gleichen Ursachen wie bei der primären Tendomyose die befallenen kontraktilen Strukturen sich nicht, wie oben beschrieben, wieder spontan normalisieren. Der Grund für das Persistieren der

Beschwerden liegt zum einen darin, daß eine gewisse Verselbständigung der Dysbalance eingetreten ist, deren Ursache unbekannt ist. Zum anderen bestehen, etwa bei Haltungsanomalien oder chronischen Gelenkaffektionen, fortwährend die gleichen krankhaften Bedingungen, die auf die kontraktilen Strukturen einwirken. Vermutlich spielt der in früheren Kapiteln angesprochene Schmerzweg und das Schmerzgedächtnis zur Chronifizierung dieser Tendomyose zweifellos eine entscheidende Rolle.

Bei den sekundären Tendomyopathien manifestiert sich, wie bei den Triggerpunkten, der Schmerz am Muskel-Sehnenübergang. Im Bereich der kontrahierten Randpartien der Muskulatur kann man lokale Muskelverhärtungen als Knotenbildung tasten, die als **Myogelosen** definiert sind. Simons vertritt die Meinung, daß Triggerpunkte und Myogelosen identisch sind.

! Myogelosen = lokale Muskelkontraktion = „Knoten" bei sekundärer Tendomyose, identisch mit Triggerpunkten

Bei der generalisierten **Fibromyalgie** (im deutschen Sprachgebrauch auch als generalisierte Tendomyopathie definiert) handelt es sich möglicherweise um eine Eskalation der muskulären Dysbalance mit Nachweis von Tender points (s. unter Kap. 4.9, S. 40). Inwieweit in diesem Zusammenhang psychische Konstellationen eine entscheidende Rolle bei der Entstehung der Fibromyalgie spielen, wird derzeit noch kontrovers diskutiert.

4.6 Tender points („Maximalpunkte")

Im Gegensatz zu den tendomyotischen Beschwerden findet man bei den Tender points Schmerzen an den Ursprüngen und Ansätzen der Sehnen. Sie lassen sich durch **Palpation** verifizieren. In aller Regel entstehen die Tender points auf Grund von Verkürzungen im Bereich der tonischen Muskeln. Anatomische Kenntnisse über die Lokalisation und den Verlauf der tonischen Muskulatur helfen dem Untersucher, bei der Palpation die entsprechenden Sehnenpunkte (Tender points) aufzusuchen. Im Frühstadium der Beschwerdesymptomatik bestehen geringe bis gar keine spontanen Schmerzen im Bereich der Sehnenansätze, wohingegen der palpierende Finger auf Druck Beschwerden auslösen kann, selbst wenn der Palpationsdruck sehr gering ist. Benachbarte Muskelgruppen, die nicht zu den tonischen gehören und andere Weichteilstrukturen sind in aller Regel druckschmerzfrei, so daß der Untersucher nur an den tatsächlich definierten Ursprungs- und Ansatzpunkten der tonischen Muskelgruppen eine Schmerzantwort auf seine Palpation bekommt.

Tender points („Maximalpunkte") = schmerzhafte Sehnenansatzpunkte der tonischen Muskeln

4.7 Auslösende Faktoren der muskulären Dysbalance

Wenn im früheren Kapitel bereits angedeutet wurde, daß verschiedene „Auslöser" die vorwiegend tonische Muskulatur auf Grund der beschriebenen Mechanismen in einen Verkürzungszustand überführen, so sollen jetzt die einzelnen Auslösemechanismen, die diesen Effekt herbeiführen, näher durchleuchtet werden (Abb. **3**).

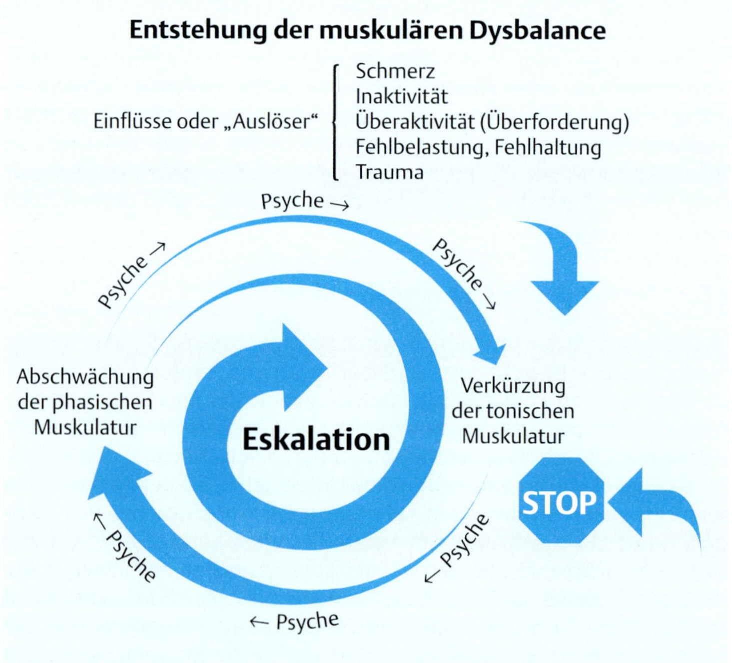

Abb. **3** Entstehung der muskulären Dysbalance

4.7.1 Schmerz

Über die Ursache der Schmerzentstehung und den Verlauf einer akuten Schmerzsymptomatik bis hin zur Chronizität wurde ausführlich im Kapitel über den Muskelschmerz berichtet, so daß auf diese Ausführung verwiesen werden kann (s. Kap. 3, S. 8).

4.7.2 Inaktivität

Nach Operationen wird oft eine Ruhigstellung bestimmter Körperabschnitte herbeigeführt, sei dies durch Anlegen von immobilisierenden Verbänden, sei es durch erzwungene längerfristige Bettruhe. Die gefürchteten Immobilisationsschäden am Skelettsystem beeinflussen nicht nur die Muskulatur als solche, sondern das gesamte kinetische System und letztlich auch die Eufunktion innerer Organe, insbesondere die der Nieren.

Ein bei längerdauernder Immobilisation zu beobachtendes Phänomen liegt darin, daß infolge der Ruhigstellung nicht alle Muskelgruppen gleichmäßig atrophieren, sondern im wesentlichen nur die phasischen Gruppen, während die tonischen Gruppen keine nennenswerte Atrophie erfahren und manchmal der Eindruck entsteht, sie seien besonders kräftig geblieben. Als Beispiel für diese häufige Fehlinterpretation von Befunden mag die Rückenstreckmuskulatur dienen, die etwa nach einer Bandscheibenoperation dem Untersucher erscheint, sie sei auch nach Wochen einer Bettlägerigkeit oder Schonung besonders kräftig. Der Eindruck dieser „kräftigen Muskulatur" ist nur vordergründig und entspringt einer mangelhaften Untersuchungstechnik. In Wirklichkeit ist sie erheblich verkürzt und hyperton. Dieser Befund vermittelt den falschen Eindruck einer ausreichend funktionstüchtigen Muskulatur. Daß eine verkürzte Muskulatur keine ausreichend gute Funktion gewährleisten kann, ist unumstritten. Jeder sportlich aktive Mensch weiß, daß ein nicht in seiner ganzen physiologischen Länge gedehnter Muskel eine Funktionsminderung nach sich ziehen muß.

Andere Beispiele, wie die Veränderungen im Bereich der Oberschenkelmuskulatur, zeigen ebenfalls, daß der M. rectus femoris nach einer Ruhigstellung des Kniegelenks oder der Hüfte häufig nur geringgradig oder überhaupt nicht atrophiert, wohingegen seine Synergisten, nämlich die eingelenkigen Anteile des M. quadrizeps, einer deutlichen Atrophie unterliegen. Auf die Auswirkungen der sich entwickelnden Dysbalance dieser Muskelgruppen, z. B. auf das Kniescheibengleitlager (Chondropathia patellae), wurde bereits in einem früheren Kapitel eingegangen.

Eine Unterforderung einer bestimmten Muskelgruppe entsteht auch dann, wenn z. B. auf dem Boden einer einseitigen Körperhaltung („Schreibtischtäter") diese in eine Dysbalance gebracht werden.

! Die Inaktivität („Schonung", Immobilisation, etc.) führt zur Muskeldysbalance

4.7.3 Überaktivität

Im Gegensatz zur vorher beschriebenen Inaktivität, also Unterforderung bestimmter Muskelgruppen, führt auch das Gegenteil, also die Überforderung, ursächlich zur Auslösung einer muskulären Verkürzung tonischer Gruppen. Werden tonische Muskeln über Gebühr in ihrer Leistungsfähigkeit gefordert, so finden sich auch hier Merkmale einer deutlichen Verkürzung bei ausreichend guter Kraftentwicklung. Dieses Phänomen ist jedem Leistungssportler bekannt. Muskelgruppen, die beim Leistungssport besonderen Anforderungen unterliegen, neigen zu Verkürzungen. So haben Hamberg und Evjenth in den achtziger Jahren bereits auf Grund umfangreicher Untersuchungen bei skandinavischen Leistungssportlern nachweisen können, daß 90% der Spitzenathleten, die bei der Ausübung ihres Sports z. B. den M. psoas besonders beanspruchen (Eisschnelläufer, Sprinter, Eishockeyspieler, Hochspringer, etc.), Verkürzungen des M. psoas aufweisen. Werden diese Betroffenen nicht dazu angehalten, die besonders gefährdeten Muskelgruppen regelmäßig zu dehnen, treten Verkürzungen auf, und diese führen entweder zur vermehrten Verletzungsanfälligkeit oder zu Leistungseinbußen.

! Die Überaktivität der Muskulatur (Überforderung, Leistungssport, stereotype Tätigkeit) führt zur Muskeldysbalance

4.7.4 Fehlbelastung

Eine unphysiologische Gelenkkonstellation (Fehlhaltung), führt nach Erkenntnissen der Muskelphysiologie zu sich allmählich entwickelnden Verkürzungen der tonischen Gruppen. Ursache für die Entwicklung dieses Phänomens ist vermutlich die gestörte Afferenz-Efferenz-Situation, die dadurch entsteht, daß die Propriozeptoren bei fehlerhaft eingestellten Gelenken ein Efferenzverhalten der fehlerhaften Muskeln bewirken. Auf diese Tatsache hat bereits Brügger in seinen Monographien wiederholt hingewiesen. Meiner Meinung nach beruht die sich entwickelnde Fehlhaltung der Wirbelsäule bei Patienten mit einem M. Bechterew auf einem ähnlichen Phänomen: Die entzündlichen Gelenkveränderungen beim M. Bechterew führen über das Afferenz-Efferenzsystem zu Verkürzungen multipler tonischer Muskelanteile, die durch die Chronizität und den ständigen Informationsinput der Gelenkaffektionen eine ausgedehnte muskuläre Dysbalance nach sich ziehen.

! Die konstante Körperfehlhaltung (Schreibtischarbeit, Gelenkerkrankungen, etc.) führt zur Muskeldysbalance

4.7.5 Psychisch bedingte Fehlhaltungen

Daß bei der unphysiologischen Grundhaltung bestimmter Gelenke wiederum der psychische Einfluß von immenser Bedeutung ist, muß nicht besonders unterstrichen werden. Das Bild der mangelhaften Aufrichtung des Rumpfes, der ventralen Fehlhaltung des Kopfes, der hochgezogenen und innenrotierten Schultern, ist ein besonderes Merkmal des introvertierten, gestreßten und depressiven Menschen. Der Einfluß der Psyche auf die Körperhaltung wirkt sich zwangsläufig auch auf die entsprechende gelenkführende Muskulatur aus. Dies ist den Ärzten seit vielen Generationen bekannt. Im späteren Kapitel wird bei der Diagnostik der Fibromyalgie auf diese Besonderheit nochmals eingegangen werden.

! Die psychische Fehlhaltung führt zur Muskeldysbalance

4.7.6 Muskuläre Dysbalance als eigenes Krankheitsbild

Ich habe wiederholt in früheren Kapiteln darauf hingewiesen, daß Verkürzungen der tonischen Muskeln, gleichgültig aus welchen Gründen, als Schutzreaktion eine biologisch sinnvolle Funktion darstellen. Sind die Noxen, die ursprünglich die tonische Muskulatur zur Verkürzung veranlaßt haben, nicht mehr wirksam, so wird im Normalfall der verkürzte Muskel wieder seine ursprüngliche Länge annehmen, und der Betroffene wird von diesem Zwischenspiel vermutlich gar nichts mitbekommen haben. Dieser Vorgang der *reversiblen Muskelbeeinflussung*, nach der Definition von Pongratz als primäre Tendomyose beschrieben, ist vermutlich ein extrem häufiger Zustand. Er wird deswegen so selten durch Diagnostiker oder den Patienten selbst wahrgenommen, weil die primären Schmerzursachen, die zu diesem muskulären Befund führen, viel gravierender sind, als die dadurch bestehenden tendomyotischen Beschwerden. Klingen tendomyotische Schmerzen in gleichem Maße wie der verursachende Schmerz ab, so besteht für den Betroffenen in aller Regel auch kein Grund, sich über dieses Ereignis den Kopf zu zerbrechen.

Anders sieht es bei den Fällen aus, bei denen aus sehr komplexen Gründen eine spontane Remission der muskulären Verkürzung nach Abklingen der Ursache nicht eintritt. Welche Gründe das Persistieren der Verkürzungserscheinung der tonischen Gruppen herbeiführen bzw. unterhalten, ist letztlich immer noch Spekulation. Sicher spielen multifaktorielle Bedingungen eine wesentliche Rolle, die nicht zuletzt durch psychische Einflüsse verstärkt werden. Auch langanhaltende Schmerzepisoden der Primärerkrankung, die nicht genügend analgetisch behandelt werden konnten oder wurden, können über den Weg der Schmerzchronifizierung zu der bereits beschriebenen fehlerhaften Afferenz-Efferenz-Situation führen. Allen Fällen gemeinsam ist eine sich langsam entwickelnde, meist auf eine oder mehrere Muskelgruppen beschränkte, zunächst unterschwellige Schmerzhaftigkeit, die allenfalls Unbehagen auslöst. Bestimmte Körperbewegungen oder Gelenkstellungen werden als schmerzhaft beschrieben, und es wird eine **Schonhaltung** eingenommen, um diesem Schmerz auszuweichen oder ihn wenigstens zu minimieren. Die Schonhaltung stellt den Beginn einer Chronifizierung einer Gelenkfehlstellung dar und kann somit auf dieser Basis einen Circulus vitiosus in Gang setzen. Als klassische Beispiele einer solchermaßen sich ausbildenden muskulären Dysbalance lassen sich fast lehrbuchmäßig folgende typische Krankheitsverläufe belegen.

4.8 Fallbeispiele

4.8.1 Muskuläre Dysbalance im Schulter-Nackenbereich

Eine Patientin mit zervikalem Bandscheibenvorfall wird konservativ behandelt. Die während der akuten Phase naturgemäß entwickelte Einschränkung der Halswirbelsäulenrotation hat die Patientin erfahren lassen, daß bei Aufgabe einer extremen Bewegung der Schmerz nur gering oder gar nicht auftrat. Aus diesem Grund wurden die gelenkführenden Muskeln im Bereich der Halswirbelsäule auch nach Abklingen der akuten Schmerzerscheinung nicht wieder in Eufunktion gebracht.

Mit anderen Worten: Die Geschmeidigkeit der entsprechenden Muskeln wurde nicht wieder gepflegt, die ausreichende Muskeldehnung aus verbliebener Ängstlichkeit, es könne zu einem Rezidiv kommen, unterlassen. Aus dieser Situation hat sich eine dauerhafte Verkürzung der tonischen Schulternackenmuskeln eingestellt, insbesondere der oberen Anteile des M. trapezius, des M. levator scapulae sowie der Skalenus-Gruppe. Die Muskulatur, die solchermaßen von Verkürzungen betroffen wurde, führt allmählich zu einer erheblichen Fehlstellung im zerviko-thorakalen Bereich und verursacht darüber hinaus in den zwischen der Muskulatur eingebetteten Gelenkbereichen eine vermehrte Kompression der knorpeligen Gelenkanteile (Facettensyndrom). Dadurch kommt es zu einem gestörten Afferenz-Efferenzmuster, weil die Nozizeptoren der Gelenke ständig „feuern". Die gestörte Muskelfunktion der angesprochenen Muskeln führt schließlich auch zu Dysfunktionen anderer Muskelgruppen, die im Sinne einer Muskelkette zwangsläufig in Mitleidenschaft gezogen werden. Die betroffene Patientin klagt zunächst unterschwellig, dann immer deutlicher über ziehende Schmerzen im Bereich der am stärksten befallenen Muskeln im Levator-scapulae-Bereich. Ansatz und Ursprung der Levator-scapulae-Muskeln beginnen nicht nur bei Beanspruchung der Muskulatur, sondern auch spontan zu schmerzen: Der Schulterblattwinkel sowie der Ansatz der Levator-scapulae-Muskulatur unterhalb und am Okziput sind konstante Schmerzpunkte, die einen Schulterschmerz einerseits und Hinterkopfschmerzen andererseits bewirken.

Die anfangs nur aus Ängstlichkeit vermiedene Rotation des Kopfes ist jetzt aus Gründen der vermehrten Muskelspannung nur noch mit Schmerzen möglich, allerdings nicht, wie zu Beginn der Erkrankung vertebragen, sondern nunmehr muskulär bedingt. Die früher angesprochenen Tender points sind jetzt äußerst druckschmerzhaft und können von jedem Untersucher leicht nachgewiesen werden.

Die sekundär beeinflußte Kaumuskulatur, die in direktem Zusammenhang mit der Stellung der Halswirbelsäule steht, wird in das „Spannungsfeld" der oben beschriebenen Muskelgruppen mit einbezogen. Ein Hypertonus der Masseter-Muskeln sowie anderer Kaumuskeln, die synergistisch mit dem Masseter zusammenwirken, führt zum nächtlichen **Bruxismus**, dem bekannten Zähneknirschen (siehe auch später bei der Schilderung der Fibromyalgie). Schlafstörungen durch nächtlich weiterbestehende Beschwerden kommen allmählich hinzu, so daß sich am nächsten Morgen aufgrund der mangelhaften Entspannungsmöglichkeit ein entsprechend unausgeschlafener und, im Vergleich zum Vortag, schmerzanfälligerer Mensch wiederfindet.

Gelingt es, in diesem Stadium erfolgreich eine Therapie einzubringen, wird zwar mit Mühe, aber doch immerhin effektiv eine Restitution erzielt.

Betrachtet man das erste Beispiel der Patientin mit ihrer Schulter-Nackenproblematik auf dem Boden der überstandenen zervikalen Diskopathie näher, so ergeben sich folgende Zusammenhänge: Die Beschwerden, die sich über die verkürzte Muskelgruppe der Schulter-Nackenregion auswirkten, führen unter anderem zu der bereits beschriebenen hyperlordotischen Einstellung der Halswirbelsäule. Die Patientin konnte bis zum Zeitpunkt ihrer Bandscheibenschädigung im unteren HWS-Bereich nicht nur eine ausreichend gute Bewegung der Halswirbelsäule durchführen, sondern auf Grund dieser freien Beweglichkeit nachts auch in nahezu jeder Position schmerzfrei schlafen. Nun kann sie selbst auf einem besonderen Kopfkissen keine Ruhe mehr finden, da die ständige Spannung der Schulter-Nackenmuskulatur ein „entspanntes" Liegen praktisch nicht zuläßt. Die früher möglich gewesene Bauchlage mit Rotation des Kopfes nach links und rechts ist ebenfalls durch die verkürzte Nackenmuskulatur nicht mehr oder nur unter erheblichen Schmerzen praktikabel, so daß hieraus deutliche Schlafprobleme resultieren. Die Ansatzschmerzen der Schulter-Nackenmuskeln am Hinterkopf erzeugen einen eigenständigen Hinterkopfschmerz, der seine Ausstrahlungstendenz in die Augenregion hat. Der von der Patientin selbst bezeichnete **„Spannungskopfschmerz"** wird zwar von vielen Ärzten als Verlegenheitsdiagnose bewertet, stellt aber in der Realität tatsächlich häufig genau das dar, was der Ausdruck Spannungskopfschmerz beinhaltet. Die Tatsache, daß die sehr heftigen und meist kontinuierlichen Kopfschmerzen durch nichts anderes ausgelöst werden, als durch die Ansatzschmerzhaftigkeit der beschriebenen Muskelgruppen, läßt sich folgendermaßen bestätigen: durch Lokalinfiltration an die Schmerzpunkte (Schulterblattwinkel, Okzipitalansätze) kann in der Regel schlagartig der gesamte Kopfschmerzkomplex beseitigt werden. Inwieweit Nervenaustrittspunkte, die im Bereich der Muskelansätze oder deren unmittelbarer Nachbarschaft liegen, ebenfalls durch die Muskelverkürzung beeinflußt werden, läßt sich nur spekulativ beantworten. Eine alleinige neuralgische Komponente, wie dies von einigen Ärzten angenommen wird, liegt nach meinen eigenen Erfahrungen allerdings nicht vor.

! Der eigentliche Spannungskopfschmerz hat eine tendomyotische Ursache

Der beschriebene **Bruxismus**, also das nächtliche Zähneknirschen, besitzt zweifellos sowohl für die Patientin selbst als auch für ihre Umgebung eine nicht unbeträchtliche Störwirkung, die einmal das eigene Wohlbefinden tangiert, zum anderen unerwünschte Nebenwirkungen auf die Zähne haben muß. Ein bestehender Bruxismus sollte jeden Zahnarzt veranlassen, nicht nur auf die Okklusion der Zähne zu achten, sondern auch auf psychische und muskuläre Beschwerdebilder einzugehen.

! Das Zähneknirschen (Bruxismus) ist oft Folge einer muskulären Dysbalance

4.8.2 Muskuläre Dysbalance im Lumbosakralbereich

Bei einem 50jährigen Patienten wird ein lumbaler Bandscheibenvorfall erfolgreich operativ behandelt. Der sportlich nie aktiv gewesene Patient erholt sich von dem operativen Eingriff selbst sehr rasch und nimmt die Empfehlung des Operateurs, sich sehr lange zu schonen, pedantisch wahr. Die zusätzlich abgegebene lumbale Orthese, eigentlich als „Mahnorthese" verstanden, wird wie ein heiliges Relikt jede Minute des Tages getragen, weit länger als eigentlich erforderlich. Die lumbalen Bewegungssegmente werden durch diese Konstellation in folgender Weise erheblich irritiert: Die oberflächlichen Rückenstrecker, die zu den tonischen Muskelgruppen zu zählen sind, weil sie eine mehrgelenkige Funktion besitzen, verkürzen sich und erzeugen einen Hypertonus, der sich zwangsläufig auch auf die dazwischenliegenden Facettengelenke auswirken muß. Das normale Bewegungsausmaß zwischen den einzelnen Bewegungssegmenten wird auf ein Minimum reduziert, so daß auch hier die früher schon beschriebenen Propriozeptoren innerhalb der Gelenke ein gestörtes Bewegungsbild übermitteln und damit einen „Störfall" melden. Dadurch veranlassen sie ihrerseits über Efferenzen, die tonische Muskulatur noch mehr in Spannung zu bringen. Die tiefliegenden, monosegmentalen stabilisierenden Muskeln, insbesondere die kurzen Anteile des M. multifidus sowie die Rotatoren schwächen sich innerhalb der ersten postoperativen Wochen zunehmend ab, so daß der Stabilisationseffekt der kurzen Rückenstreckmuskeln immer kleiner wird. Das Gefühl der „Instabilität", das sich zwangsläufig entwickelt, versucht der Patient durch konsequentes Benutzen der Orthese weiterhin zu kompensieren. Die Rückenstrecker sowie der gleichzeitig involvierte M. psoas bedingen durch die Verkürzung eine hyperlordotische Einstellung der Lendenwirbelsäule mit dem Effekt, daß dadurch eine erhöhte Kompression der Facetten eintritt, die Foramina intervertebralia sich einengen und in einigen Fällen auch eine Baastrup-Symptomatik erkennbar wird.

Alle drei Faktoren können für sich alleine oder in Gemeinsamkeit eine eigene neue Schmerzsituation schaffen, die zwar nicht das typische Bild eines Postdiskotomiesyndroms zeigt, immerhin aber ein chronisches Schmerzbild aufbaut, was den Wirbelsäulenoperateuren durchaus bekannt ist und eine typische Folgeerscheinung nach Wirbelsäuleneingriffen darstellt.

Beim Beispiel der muskulären Dysbalance der Lumbal-Beckenregion auf dem Boden der durchgeführten Bandscheibenoperation zeigt der betroffene Patient infolge der eingetretenen muskulären Dysbalance der Rumpfmuskulatur eine Abschwächung der Bauchmuskeln, wie dies fast in allen Fällen erkennbar ist. Die Bauchmuskelschwäche mit Ptose des Abdomens bei gleichzeitiger Hyperlordose der Lendenwirbelsäule führt oft zu nicht unerheblichen Atonien im Magen-Darmtrakt, was sich in zum Teil sehr schmerzhaften Dysfunktionen der Verdauung äußert. Meteorismus, chronische Obstipationen und Ausbildung von Divertikeln sind Sekundärfolgen der muskulären Dysbalance des Rumpfes. Der in der Nähe der Intestinalorgane vorbeiziehende Psoas neigt durch diese Störwirkungen wiederum über gestörte Afferenz-Efferenzmuster zu vermehrter Verkürzung. Die ohnehin schon bestehende Hyperlordose wird weiter verstärkt und rundet das Bild des Circulus vitiosus ab.

Beide Beispiele belegen, daß jede überängstliche Grundhaltung den Auslösemechanismus einer muskulären „Eskalation" erheblich unterstützt bzw. überhaupt erst in Gang bringt.

4.8.3 Muskuläre Dysbalance im Becken-Beinbereich

Ein junger Mann kommt aus einem Asien-Urlaub zurück und klagt über laterale Hüftschmerzen. Die eigentliche Ursache hierfür wird anfangs nicht gedeutet und stellt sich erst später heraus: Durch die Benutzung des ungewohnten harten Futons (in Asien gebräuchliche Matratzenunterlage) wurde eine chronische Bursitis trochanterica ausgelöst. Der ehrgeizige, sportliche Mann findet den Weg zu einer Aktivtherapie, in welcher er ermutigt wird, in einem Fitneß-Studio die vermeintlich insuffizienten Muskeln der Becken-Beinregion aufzutrainieren. Die Benutzung bestimmter Geräte, wie Legpress, Beinabspreizer, etc. werden von dem Patienten kritiklos übernommen, woraufhin die ohnehin chronisch überlasteten und verkürzten Muskeln einer weiteren

Überforderung unterliegen. Durch die fortschreitende Verkürzung des M. tensor fasciae latae, der mit seinem Tractus iliotibialis die Bursa trochanterica komprimiert, wird der Schmerzzustand der Hüfte vergrößert. Zusätzlich wird der M. rectus femoris durch unsachgemäßes Kräftigen zunehmend tonisiert und verkürzt, so daß zu der Schmerzhaftigkeit der Hüftaußenseite nun auch noch eine klinisch bedeutsame Chondropathia patellae hinzukommt. Infiltrationen der entsprechenden Strukturen durch den Orthopäden mit Kristallsuspensionsmischungen können nur kurzfristig eine gewisse Erleichterung bringen. Die weiterhin durchgeführte vehemente unsachgemäße „Muskelaufbauarbeit" im Fitneß-Studio führt schnell wieder in das alte Schmerzbild.

Die aufgezeigten Beispiele machen deutlich, wie stark sich eine ausgebildete muskuläre Dysbalance, gleichgültig an welcher Körperregion sie sich manifestiert hat, auf andere benachbarte oder sogar fernab liegende Organsysteme auswirken kann. In allen genannten Fällen wird der Untersucher immer wieder auf ein Phänomen stoßen, welches offensichtlich der muskulären Dysbalance innewohnt: Die betroffenen Patienten werden bei zunehmender Dysbalance psychisch immer instabiler. Für diese somatopsychische Entwicklung gibt es eine Fülle von Ursachen, die im nächsten Kapitel ausführlich diskutiert werden.

Bei allen drei vorgestellten fiktiven Beispielen, die in der täglichen Praxis in allen möglichen Varianten vorkommen und die Wartezimmer der Orthopäden füllen, zeigt sich übereinstimmend, daß die primäre Noxe, nämlich im ersten Fall die zervikale Bandscheibenproblematik, im zweiten Fall der operierte lumbale Bandscheibenvorfall und im dritten Fall die entzündliche Bursa trochanterica, längst abgeklungen und vergessen ist und dennoch die umgebenden Muskeln aus unterschiedlichen Gründen eine Restitution der anfänglich sinnvollen Verkürzung nicht erkennen lassen.

Die muskuläre Dysbalance, also das Nebeneinander von chronisch verkürzten Muskelgruppen und den abgeschwächten phasischen Antagonisten, führt zu einer kontinuierlich zunehmenden Fehlstellung der dazwischenliegenden Gelenkpartner. Eine spontane Remission dieser muskulären Konstellation ist nur selten zu erwarten. Eine intensive und gezielte Therapie, die multifaktoriell, d. h. polypragmatisch, zu erfolgen hat, ist hier der einzige erfolgversprechende Ausweg. Die therapeutischen Ansätze werden später ausführlich dargestellt.

4.9 Wechselwirkung zwischen muskulärer Dysbalance und Psyche

Wenn somatische Funktionsstörungen über ein Akutstadium hinaus fortbestehen, etwa bei der sekundären Tendomyose, so wird niemand ernsthaft daran zweifeln, daß nicht auch die Psyche auf Grund der chronischen Schmerzhaftigkeit in Mitleidenschaft gezogen wird:

Eine gestörte Mobilität, wie sie zwangsläufig durch eine Muskelverkürzung zustande kommt, bedeutet ja nichts anderes, als daß bisher schmerzfreie Bewegungen nunmehr nicht oder nur unter Schmerzen durchgeführt werden können. Verkürzungen, die ihren Ausgang im Schulter-Nackenbereich nehmen (s. 1. Fallbeispiel), führen dazu, daß Alltagsbewegungen wie Kämmen, Ankleiden, Zähneputzen, etc. vermehrte Schmerzen verursachen.

Dysbalancen, die den Rumpfbereich betreffen, führen nicht nur zu den bereits beschriebenen Kompressionsschmerzen der Gelenkfacetten der Lendenwirbelsäule (Facettensyndrom), sondern auch zu Funktionsstörungen des Verdauungstraktes. Der verkürzte M. psoas unterhält über den beschriebenen Circulus vitiosus den chronischen Kreuzschmerz, der meist auch nachts weiterbesteht. Der Kreuzschmerz ist im übrigen eine der Ursachen für sexuelle Probleme bei beiden Geschlechtern: Das „Nicht-lockerlassen-Können" beeinträchtigt in vielen Fällen die Libido, oder aber der Beischlaf wird zur schmerzhaften Pflichtübung. Daß unter solchen Umständen psychische Konfliktsituationen entstehen können, ist verständlich.

Die nächtlichen Dauerschmerzen im Rückenbereich verhindern schließlich, wie bereits dargestellt, einen erholsamen und tiefen **Schlaf**. Schlafforscher haben festgestellt, daß ein gesunder Mensch auf einer normalen komfortablen Unterlage etwa 70mal pro Nacht einen Lagewechsel vornimmt. Das Umdrehen im Bett bedeutet für einen Gesunden keine Unterbrechung des Schlafes, so daß zwischen den Umdrehphasen die Tiefschlafphasen (REM-Phase = Rapid-Eye-Movement) ohne Einschränkung ablaufen.

Im Falle einer Facettensymptomatik bei muskulärer Dysbalance bestehen dagegen erhebliche Bewegungsschmerzen im Bereich der Lendenwirbelsäule, die beim Umdrehen im Bett zu einer deutlichen Schmerzverstärkung führen. Die Betreffenden wachen wegen der auftretenden Schmerzen bei jedem Lagewechsel auf. Bei einer Lagewechselfrequenz von 70 pro Nacht läßt sich leicht ableiten, daß eine eigentliche Tiefschlafphase, die Erholung bringen sollte, hierbei nur selten oder niemals erreicht wird. Die Folge einer solchen gestörten

Nachtruhe ist eine Unausgeschlafenheit bzw. chronische Müdigkeit. Manche Betroffene behaupten, sie hätten sich an den Schlafmangel gewöhnt. In Wirklichkeit führt der kontinuierliche Entzug von Tiefschlafphasen zu einer psychischen Beeinflussung, die wesentlich schwerwiegender ist, als allgemein vermutet wird.

! Der Entzug von Tiefschlaf-Phasen führt zu psychischer Beeinträchtigung

Menschen, die den Tag unausgeschlafen beginnen, sind zwangsläufig gereizt und können in ihrem Alltagsleben den beruflichen Anforderungen oft nur unter Aufbietung außergewöhnlicher Energie gerecht werden. Vorgesetzte, Mitarbeiter und Familienangehörige verlieren das Verständnis für diese chronische Gereiztheit. Die Betroffenen reagieren mit zunehmender Aggressivität und entwickeln hilflose Verzweiflung. Der nächtlich verlorengegangene Schlaf kann tagsüber während der Arbeit nicht kompensiert werden, selbst wenn ein großes Schlafbedürfnis besteht. Die Betroffenen holen ihren Nachtschlaf am Wochenende nach, statt – wie früher – mit ihrer Familie etwas zu unternehmen. Der Verdruß bei Ehepartnern und Kindern ist vorprogrammiert!

Der dauernde Schmerz, der an den Muskelansätzen und -ursprüngen „wie Feuer" brennt, wird schließlich auch psychisch zum „Dauerbrenner" und mündet selbst bei ehedem psychisch stabilen Personen in eine verzweifelte Ausweglosigkeit. Besonders schlimm scheint für die Betroffenen zu sein, daß die Dauerschmerzen von der Umwelt eher skeptisch, zum Teil überhaupt nicht registriert werden, im schlimmsten Fall als unglaubhaft und hypochondrisch in Frage gestellt werden. Das Gefühl, von seinen Mitmenschen als unglaubwürdig eingestuft zu werden, muß auch bei einem psychisch stabilen Menschen letztlich in Resignation umschlagen.

Salopp hingeworfene Sätze, wie etwa „bewege dich doch mehr" und „treib wieder etwas mehr Sport", sind häufig gehörte Empfehlungen von Mitmenschen oder auch Therapeuten, die sich nicht vorstellen können, daß ohne gezielte therapeutische Zusatzmaßnahmen solche körperliche Aktivitäten den Schmerz allenfalls verstärken und das Dilemma damit vergrößern. Sportlich ambitionierte Patienten, die ihrem Lieblingssport nicht mehr nachgehen können, geraten durch ihre mangelnde Mobilität auch gesellschaftlich in ein Abseits. Ihr eigenes Selbstverständnis und die psychische Stabilität nehmen dadurch Schaden.

Die beispielhaft genannten Folgezustände der chronifizierten Muskeldysbalance führen einzeln oder in der Summation zu zusätzlichen psychischen Störfaktoren. Die veränderte psychische Ausgangssituation wird letztlich auf die weitere Entwicklung der muskulären Dysbalance einen erheblich störenden Einfluß haben und den Weg in eine Eskalationsspirale bahnen.

Muskuläre Störungen führen zu einer psychischen Reaktion. Wechselwirkungen von der Muskulatur auf die Psyche sind aber auch auf umgekehrtem Weg, also von der Psyche auf die Muskulatur durchaus vorhanden: Wir wissen, daß Anspannung, Angst, Verzweiflung und Trauer einen direkten Einfluß auf den Tonus bestimmter Muskelgruppen haben. Alle Menschen, besonders ängstlich oder depressiv gestimmte, teilen sich durch die Körpersprache den Mitmenschen mit. Die „Befindlichkeit" eines Menschen läßt sich manchmal besser an seinen Körperreaktionen und der Haltung als an seinen Worten ablesen. Gefühle und Stimmungen kommen so nonverbal zum Ausdruck.

Der Einfluß der alterierten Psyche auf somatische Funktionen ist ja jedem Therapeuten als psychosomatische Fehlreaktion bekannt. Tragen wir den Inhalten psychosomatischer Wechselwirkungen Rechnung, so deutet die *„psychosomatische Zervikalgie"* auf eine emotional erschwerte „Behauptung" hin, oft in Verbindung mit „hartnäckigem Gesichtbewahren" oder den „Kopf nicht verlieren".

Die *psychosomatische Brachialgie* geht häufig mit unterdrückter Aggression einher (Wut und Zorn), wobei das Symbol der ständig geballten Faust nicht nur sprachliches Synonym, sondern als tatsächliche körperliche Dysfunktion zu verstehen ist.

Der *psychosomatischen Dorsalgie* liegen ursächlich oft Trauer, Verzweiflung oder Mutlosigkeit zugrunde. Menschen mit dem sogenannten Helfersyndrom zwingen sich in eine ständige aufrechte Haltung, die ihrer seelischen Verfassung gar nicht entspricht.

Psychosomatische Lumbalgien können als psychische Überbelastungen, Sprunghaftigkeit, Frustration, insbesondere bei gestörter Sexualität, gedeutet werden.

Bei *psychosomatischen Beinbeschwerden* könnte man als eine mögliche Deutung anführen, daß die Betreffenden nicht mehr mit beiden Beinen auf der Erde stehen können oder wollen, nicht „Fußfassen" können, „kniefällig" werden oder ihrem Vorgesetzten eigentlich in einen bestimmten Körperteil treten möchten, dies aber mit einem Versagen an Muskelkraft im Bein plötzlich als unmöglich, weil schmerzhaft, erleben müssen.

Wie stark psychische Befindlichkeit bestimmte Muskelgruppen etwa im Schulter-Nackenbereich beeinflußt, läßt sich an einem typischen alltäglichen Beispiel darstellen: Betrachten wir den M. levator scapulae, der noch bis vor einigen hundert Jahren der wichtigste Lastenträger des Zweifüßlers war und mit dessen Hilfe schwere Bürden auf den Schultern transportiert wurden. Heute wird mit Hilfe des Schulterblatthebers nur noch in Ausnahmefällen kurzzeitig eine körperliche Last auf den Schultern getragen, im übrigen besitzt dieser Muskel nur noch im übertragenen Sinne die Funktion eines „Lastenträgers". Man kann ohne Übertreibung feststellen, daß der Schulterblattheber in der heutigen Zeit die Aufgabe hat, das Tragen von Belastungen zu übernehmen, wobei der Muskeltonus meßbar in direkter Abhängigkeit zum psychischen Druck steht.

Insbesondere Frauen im Alter zwischen 40–50 Jahren, die im Berufsleben stehen (Paradebeispiel ist die Lehrerin in der Prämenopause), beklagen häufig eine therapieresistente Schmerzhaftigkeit im Schulter-Nackenbereich, wobei gleichzeitig auch oft Spannungskopfschmerzen angegeben werden. Untersucht man diese Patientinnen, so wird bei der Palpation der entsprechenden Strukturen sofort ein extrem heftiger Schmerz am Ursprung und Ansatz des M. levator scapulae angegeben. Die Beweglichkeit der Halswirbelsäule ist entsprechend stark eingeschränkt. Bei Anheben des kontralateralen Schulterblatts läßt sich die Rotation verbessern (s. Abb. **5 a, b**, S. 66). Die Verbesserung der Rotation der Halswirbelsäule bei Anheben des kontralateralen Schulterblatts ist der funktionelle Beweis, daß die zuvor bestandene Rotationseinschränkung nicht vertebragen, sondern muskulär bedingt war. Untersucht man die Patienten auf andere Störfaktoren, wird man, bis auf die gefundene Verkürzung des M. levator scapulae, nicht unbedingt zusätzliche Störfaktoren finden, es sei denn, daß die Chronifizierung schon andere Muskelgruppen mit einbezogen hat.

! Der M. levator scapulae ist vom körperlichen zum psychischen „Lastenträger" geworden

Lassen Sie mich an dieser Stelle ein Phänomen schildern, welches ich in diesem Zusammenhang öfters in der Praxis beobachten konnte:

Bei der Exploration von Patienten (insbesondere Patientinnen in der geschilderten Alters- und Berufsgruppe) wird nicht immer ein sofortiger Zusammenhang der gefundenen somatischen Störungen und der psychischen Deviation erkennbar. Nach psychischen Stressoren befragt, werden viele der Untersuchten spontan nicht sofort das wahre Ausmaß ihrer Störungen zugeben wollen. In solchen etwas unklaren Fällen habe ich mir angewöhnt, während der Befragung eine minimale Druckpalpation am Schulterblattwinkel (Ursprung des M. levator scapulae) vorzunehmen. Der leicht ausgelöste Schmerz wirkt offensichtlich wie ein Trigger auf die Zusammenhänge zwischen Psyche und Soma. Der muskuläre Triggerpunkt (in Wirklichkeit ist es nach der gültigen Definition ein Tender point und kein „Triggerpunkt") wirkt im Sinne des Wortes triggernd, also auslösend: Der Untersucher erlebt dabei oft, daß während der Palpation dieses Punktes und gleichzeitiger Befragung nach psychischen Stressoren, die Patienten plötzlich in Tränen ausbrechen und unvermittelt und für sie selbst überraschend, psychische Ursachen angeben, über deren Bedeutung sie bisher offensichtlich nicht nachgedacht haben. Das Phänomen des Triggerns dieses „Psychopunktes" am Ursprung des M. levator scapulae habe ich inzwischen häufiger erlebt und auch von anderen Kollegen bestätigt bekommen.

Der Ansatz des M. levator scapulae ist ein „Triggerpunkt der Psyche"

Die Psyche alleine kann ohne sonstige Störeinwirkungen in anderen Bereichen des Skelettsystems durch ständig erhöhte Tonisierung bestimmter Muskelgruppen somatische Dysfunktionen auslösen. Dies ist in der Psychosomatik kein Novum. So haben Willert und Weintraub in ihren Monographien auf diese Zusammenhänge, insbesondere innerhalb der Orthopädie, ausführlich hingewiesen. Man wird bei wirbelsäulenoperierten Patienten finden, daß ihr Leben schon präoperativ durch Unruhe, Tatendrang und forcierte Selbstbehauptung, „Rückgrat zeigen auf Biegen und Brechen", geprägt war. Bei näherer Betrachtung solcher Patienten erkennt man, daß sie gerne dazu neigen, sich gegenüber ihren Partnern in eine überlegene Position zu bringen, sie selbst können jedoch angebotene Hilfe nur schwer akzeptieren.

Der klassische „Workaholic" sowie die Mitmenschen mit dem sogenannten „Helfersyndrom" zählen in hohem Maße zu dieser Gruppe. Wenn einer von ihnen einen Bandscheibenvorfall aufweist, drängt er den Operateur dazu, ihn möglichst rasch und „gnadenlos" zu operieren. Seine Zustimmung, sich sofort unter das Messer zu begeben, die Bereitschaft, kein „Schwächling" zu sein, steht dabei im Vordergrund seiner Motivation. Kaum operiert, drängt er nach seinen alten gewohnten Aktivitäten, hält die verordnete Bettruhe nicht ein, beginnt sich auf der Station als „Helfer" zu betätigen. Er kann seine Schmerzen wortreich formulieren und läßt auch schmerzhafte Injektionen über sich ergehen.

Seine tonische Muskulatur ist deutlich kürzer als die anderer operierter Patienten.

Die Betastung der Muskulatur solcher Patienten, mehr noch die manuelle Behandlung (Massage, Krankengymnastik) wird zu einem eigenen Problem. Der Therapeut muß gerade bei diesen Patienten ausgesprochen einfühlsam die anfänglichen Widerstände, die gegen jede Maßnahme des „Sich-behandeln-Lassens" bestehen, abzubauen versuchen. Viele Masseure berichten über solche Patienten, daß sie sich primär überhaupt nicht gerne manuell behandeln lassen, geschweige denn entspannt eine solche Therapie genießen. Die Verspannungen gehen auch hier mit Schlafstörungen, wie ich sie vorher geschildert habe, nächtlicher Ruhelosigkeit und Aggressivität einher.

Aus allem bisher Gesagten läßt sich erkennen, daß der Einfluß der Psyche auf die muskuläre Dysbalance und umgekehrt ein Phänomen der Wechselwirkungen darstellt. Analog zum Bild von der Henne und dem Ei kann man in einigen Fällen nicht sagen, was Auslöser und was Wirkung war.

! Psyche und muskuläre Dysbalance sind in ihrer gegenseitigen Beeinflussung austauschbar

4.10 Verlauf der muskulären Dysbalance

4.10.1 Spontane Wiederherstellung

Geht man bei der Entstehung der muskulären Dysbalance davon aus, daß sich nach der Terminologie von Pongratz infolge der Chronifizierung aus der primären eine sekundäre Tendomyose entwickelt, so kann man sich die Frage stellen, ob und wie eine Wiederherstellung der Normalfunktion überhaupt möglich ist. Die große Anzahl der Patienten mit muskulärer Dysbalance im Rumpfbereich, die die Behandlungsräume der Orthopäden und Physiotherapeuten füllen, ist glücklicherweise nicht unheilbar erkrankt. Nur unter besonderen Umständen, wenn spezielle Bedingungen persistieren, entwickelt sich eine muskuläre Dysbalance weiter und eskaliert. Häufiger kommt es jedoch zu Remissionen, wenn der Betreffende mit Anleitung seines Therapeuten zielgerichtete und effektive Maßnahmen ergreift, die eine „Eutonie" der verkürzten Muskelgruppen wieder herstellt.

Mit dem Begriff der **Eutonie** habe ich in diesem Zusammenhang eigentlich schon die Zielsetzung genannt, die bei der Behandlungsstrategie der muskulären Dysbalance zugrunde liegt: **Wiederherstellung der normalen Funktionen der gestörten Muskelgleichgewichtslage.** Viele Patienten mit einer muskulären Dysbalance glauben, daß die schmerzhafte Muskulatur (verkürzte tonische Muskulatur) trainiert werden muß. Wenngleich die Vorstellung einer gezielten Maßnahme an dieser Muskelgruppe zweifellos richtig ist, wird leider häufig der falsche therapeutische Weg gewählt. Eine Besserung der Dysfunktion kann ausschließlich über den Weg der **Dehnung der verkürzten Muskelstrukturen** erreicht werden, nicht aber umgekehrt, wie oft geglaubt, über eine *Kräftigung* der ohnehin schon kurz gewordenen tonischen Muskelgruppen. Besonders ehrgeizige Patienten veranstalten geradezu ein „Kräftigungsfestival" für die verkürzten Muskeln und werden manchmal auch durch fehlinformierte Therapeuten dazu ermuntert. Sie wundern sich dann, daß die Dysbalance eher größer statt kleiner wird!

! Ziel der Beseitigung der muskulären Dysbalance ist die „muskuläre Eutonie"

Ein zweiter Fehler bei der Therapie der muskulären Dysbalance besteht darin, daß ausschließlich die phasische Muskulatur, die zu schwach geworden ist, gekräftigt wird. Bei bandscheibenoperierten Patienten etwa konzentrieren sich die Bemühungen nur auf Bauchmuskelübungen zum Auftrainieren der schwach gewordenen Abdominalmuskulatur. Dieser Weg führt nur selten zum Erfolg, weil auf Grund der neurophysiologischen Gesetzmäßigkeit und der reziproken Innervation die verkürzte tonische Muskulatur eine Aktivität der phasischen Muskulatur nur bedingt ermöglicht. Die tonischen Muskelgruppen inhibieren die Aktivität der phasischen, so daß der Angriffspunkt zum Auftrainieren der phasischen über die vorherige Dehnung der tonischen Muskulatur zu erfolgen hat.

! Auftrainieren der phasischen Muskeln nur nach vorheriger Dehnung der tonischen Muskeln sinnvoll

Spontane Remissionen treten dann ein, wenn die zu kurz gewordenen tonischen Muskelgruppen behutsam, aber effektiv gedehnt und gleichzeitig die phasischen gekräftigt werden. Dies kann durchaus im Alltagsleben, bei richtig eingesetzter sportlicher Aktivität und mit der nötigen Sensibilität für Schmerzen erfolgen. Ist der Verkürzungsschmerz so groß, daß er ein ernstes Hindernis bei der therapeutischen

Strategie darstellt, muß eine konsequente Muskelrelaxation, etwa mit Tolperison, eingesetzt werden (s. unter Kap. 3.5, S. 16). Patienten mit dem richtigen „Körpergefühl" werden in vielen Fällen ohne therapeutisches Dazutun eine muskuläre Dysbalance wieder beseitigen können.

4.10.2 Fehlende Wiederherstellung

Bei falsch gewählter Therapie nimmt die muskuläre Dysbalance kaskadenartig zu. Viele Therapeuten machen sich über den Muskelzustand kein ausreichend gutes Bild, was dazu führt, daß die Muskeldysbalance ungenügend oder fehlerhaft interpretiert wird.

Myalgien, der Sammelbegriff für Muskelschmerzen, sind für die einen eine vage Beschreibung von Schmerzen, die von anderen (etwa bei der Bezeichnung von Rückenschmerzen) als Lumbalgie bezeichnet werden. Wenn Orthopäden Schmerzzustände der Muskulatur als Zervikalgie, Dorsalgie oder Lumbalgie definieren, so ist dies im Prinzip eine Bankrotterklärung an die eigenen diagnostischen Fähigkeiten. Wie würde man einen Zahnarzt bewerten, wenn dieser als Diagnose „Zahnschmerzen" angibt?!

Man kann sich natürlich darüber Gedanken machen, warum Ärzte mit ausreichend guten biomechanischen und pathophysiologischen Kenntnissen nach einer Untersuchung ihres Kreuzschmerzpatienten die Diagnose „Lumbalgie" zu Papier bringen. Die Erklärung für die diagnostische Bewertung, die in Wirklichkeit die lateinische Übersetzung der Schmerzbeschreibung des Patienten darstellt, erfolgt aus einer Zwangssituation heraus: Der Patient erwartet nach der Erstuntersuchung durch seinen Arzt eine Zuordnung seiner Störung. Häufig ist es aber dem Arzt nicht möglich, anläßlich der Erstuntersuchung eine verbindliche Aussage zu machen. Aus dieser Situation flüchtet er sich in eine unverbindliche Bezeichnung der Störung, die er am besten in unverfänglicher Form mit der lateinischen Übersetzung der Schmerzangabe des Patienten versieht. Zweifellos ist es nicht immer einfach, auf Anhieb eine Funktionsstörung zu erkennen und richtig zu bewerten. Um diesem Problem zu entgehen, entschließt sich der Arzt oft notgedrungen, die oben angeführte Umschreibung des Schmerzbildes abzugeben.

Wenn in der Hektik des Alltags einer ärztlichen Praxis der Therapeut die muskuläre Dysbalance nicht adäquat untersucht, so wird er vermutlich die Ursache dieser spezifischen Funktionsstörung auch nicht finden können. Nur mit Glück oder durch Zufall wird eine Remission der

Beschwerden eintreten, wenn zufälligerweise die richtige Therapie gewählt wird, wie sie im vorigen Kapitel erörtert wurde. Im anderen Fall der nichterkannten Problematik oder einer falsch gewählten therapeutischen Strategie wird sich vermutlich die Verkürzung der entsprechend befallenen tonischen Muskelgruppen nicht verändern, eher werden synergistische Gruppen sich dieser Verkürzung allmählich anschließen und eine zunehmende Dysbalance der umgebenden Muskelketten entstehen lassen.

Patienten, die solche Eskalationen von Dysbalancen erleben, berichten dann, daß der Beschwerdeherd zunächst relativ streng lokalisiert war und daß sich dann allmählich, trotz der einsetzenden Therapie, die sich später möglicherweise als falsch erwiesen hat, eine Ausweitung der Lokalisation der Muskelschmerzen eingestellt hat.

Nicht immer ist die ungenügende diagnostische Bewertung der muskulären Dysbalance Ursache für das Scheitern der Therapie. Häufig ist auch bei zielgerichteter korrekter Therapie eine muskuläre Dysbalance nicht behebbar. In diesem Fall kann man davon ausgehen, daß andere Faktoren die Kettenreaktion einer muskulären Verkürzung in irgendeiner Weise unterstützen und unterhalten. Dies können entzündliche Prozesse, rheumatische Grunderkrankungen, erzwungene Bettlägerigkeit durch Sekundärerkrankungen, starke Schmerzen oder andere Ursachen sein. Erst durch Beseitigung der sich negativ auswirkenden Störfaktoren, insbesondere bestehender Schmerzzustände, kann man eine Eutonie erfolgreich wiederherstellen.

4.10.3 Eskalation der muskulären Dysbalance

Im vorigen Abschnitt habe ich dargestellt, welche Bedingungen dazu führen, daß sich eine muskuläre Dysbalance verschlimmern kann. Fast drängt sich das Bild eines „Flächenbrandes" auf, wenn man bedenkt, daß die Patienten mit schmerzhaften Tender points an diversen Muskelursprüngen und -ansätzen immer wieder berichten, sie verspürten einen brennenden, feurigen Schmerz.

Es ist nicht ungewöhnlich, daß sich gegenseitig negativ beeinflussende Faktoren eine spontane Ausheilung der muskulären Dysbalance verhindern. Die Ursache für die Ausbreitungstendenz der Dysbalancen läßt sich leichter verstehen, wenn man den Synergismus verschiedener Muskelgruppen kennt.

Ich habe an früherer Stelle bereits angeführt, daß Bewegungsabläufe in aller Regel nicht von einer einzelnen Muskelgruppe induziert werden, sondern daß sich eine Vielzahl von Muskeln, die zunächst bei oberflächlicher Betrachtung als nicht zusammengehörend erscheinen, an solchen komplexen Bewegungen beteiligen (s. Kap. 2.1, S. 6).

Besonders deutlich wird dies am Beispiel der Schultermuskulatur, bei der einzelne Bewegungen, etwa die der Elevation zur Seite oder nach vorne, von einer ganzen Gruppe von Muskeln durchgeführt werden. Kommt es, um bei diesem Beispiel zu bleiben, zur Fehlinnervation einiger Muskeln, so werden zwar bestimmte Bewegungen noch weiterhin ausgeführt, die Zentrierung des Oberarmkopfes in der Pfanne wird aber unter Umständen fehlgesteuert: Beim Erheben des Armes über die Horizontale wandert der Oberarmkopf nach kranial, und damit wird ein pathologischer Anpreßdruck auf die zwischen Oberarmkopf und Schulterdach liegenden Weichteile erzeugt. Dieser Zustand wird zunächst ohne große Beschwerden toleriert, auf Dauer führt er aber zu einem Einklemmen der genannten Weichteilstrukturen, was als „Impingement“ bezeichnet wird. Bei sachgerechter Therapie und Dehnen von verkürzten Muskelstrukturen bzw. anschließendem Auftrainieren von schwachen Muskelgruppen kann diese Funktionsstörung in aller Regel behoben werden, ohne daß eine operative Behandlung erforderlich wird. Kenntnisse über die Muskelphysiologie und das Zusammenspiel bestimmter Muskelgruppen, insbesondere der Rotatorenmanschette, sind dabei aber für den Therapeuten unabdingbare Voraussetzung.

Bleiben wir bei dem früher zitierten Beispiel des verkürzten M. levator scapulae. Ich verweise deswegen immer wieder auf dieses Schmerzbild, weil es eines der häufigsten in der täglichen Praxis ist.

Die anfänglich auf die Levator-scapulae-Muskulatur beschränkte Verkürzung überträgt sich bei ausbleibender Spontanremission sehr bald auf synergistische Muskelgruppen, insbesondere auf die tonischen Nackenmuskeln. Diese sind mehrgelenkige Muskeln, die anguläre Bewegungen zwischen Rumpf und Kopf unter Einbeziehung mehrerer HWS-Segmente durchführen. So finden sich in der Folge von Verkürzungen des M. levator scapulae oft auch Verkürzungen des oberen Trapezius-Anteiles sowie des M. supraspinatus, des M. splenius capitis und der Skalenus-Gruppen. Die anfänglich auf Ursprung und Ansatz des M. levator scapulae beschränkten Tender points werden durch solche der genannten Muskeln ergänzt, so daß schließlich im gesamten Schulter-Nackenbereich multiple, sehr schmerzhafte Maximalpunkte auftreten.

Die verkürzten **Skaleni** sind in vielen Fällen ursächlich dafür verantwortlich, daß es zu Brachialgien kommt, die nicht vertebragen, sondern muskulär bedingt sind. Das bekannte Scalenus-anterior-Syndrom ist eine der Ursachen des **Thoracic-outlet-Syndroms (TOS)**:

Der Armplexus zieht von der Halswirbelsäule kommend durch die Skalenus-Lücke hindurch und wird durch die Verkürzung sozusagen in die Zange genommen. Dies führt zu der bekannten peripheren Plexuskompressionssymptomatik. Oft wird ein solcher Kompressionsschmerz auf die peripheren Armnerven zurückgeführt, oder es wird ein Bandscheibenvorfall vermutet und schließlich, was häufiger ist, ein Karpaltunnelsyndrom angenommen. Nur durch exakte Funktionsuntersuchungen und entsprechende Tests läßt sich die Ursache feststellen.

Das vermehrte Nachvorneschieben des Kopfes (Ventralisation) und die Innenrotation der Schultern erleichtern für den Betroffenen zunächst die Beschwerdesymptomatik, so daß bevorzugt eine solche Fehlhaltung eingenommen wird. Besteht die Fehlhaltung aber über längere Zeit, so schließen sich auch ventrale Muskelgruppen, etwa der M. pectoralis major, der Verkürzungstendenz an und die Remission der muskulären Funktionsstörung wird immer schwieriger. Bei dem Versuch, die betroffenen Strukturen passiv zu dehnen, wird ein sehr heftiger Schmerz angegeben, der die Patienten sofort zwingt, die ursprüngliche Schonhaltung wieder einzunehmen. Die Ventralisation des Kopfes führt, wie bereits früher dargestellt, über propriozeptive und nozizeptive Reize zu einer fehlerhaften Afferenzsituation der Nackenmuskeln, wodurch sich allmählich die Fehlhaltung nicht nur manifestiert, sondern noch verstärkt.

Aus anfänglich noch reversiblen Fehlhaltungen werden fixierte. Erhöhte Kompressionskräfte auf die entsprechenden dazwischenliegenden Facettengelenke, das Sternoklavikulargelenk oder schließlich das Akromioklavikulargelenk erzeugen Schmerzen, die sich verselbständigen und zunehmende Schonhaltungen provozieren.

Man hat den Eindruck, als würde das kybernetische System einer Selbstregulierung von Muskelbalancen sich ins Gegenteil umkehren und einer „Eskalation" Platz machen. Hierbei sind sicherlich psychische Einflüsse mit Ängstlichkeit, depressiver Grundhaltung und gewohnheitsmäßiger Bewegungsmangel ungünstige oder auslösende Faktoren.

Auf diese Art und Weise entfalten anfänglich oft banal erscheinende Ausgangssituationen schließlich eine Eigendynamik, die über zunächst lokal begrenzte Muskelverkürzungen und entsprechende Dysbalancen schließlich große Körperpartien ergreift. Der Untersucher ist letztlich nicht in der Lage, festzustellen, was die eigentliche Ursache der Entwicklung einer solchen Eskalation war. Die zunehmend verkürzten Muskeln mit ihrem ständigen Hypertonus erzeugen im Muskelbauch bzw. im Bereich der Faszien eine lokale Hypoxie. Wenngleich die These der Hypoxie bei hypertoner Muskulatur durch verschiedene Autoren unterschiedlich diskutiert wird, darf unterstellt werden, daß zunächst für einige Areale der betroffenen Muskulatur die Hypoxie als Schmerzursache zu sehen ist.

Die Dauerschmerzen führen über den gleichen Mechanismus, der bereits beschrieben wurde, auch zu nächtlichen Schmerzen mit allen bekannten Folgen der mangelhaften Schlaftiefe und der sich daraus entwickelnden Problematik des Unausgeschlafenseins und einer durcheinandergeratenen Tag-Nacht-Rhythmik.

Die durch die vielfachen Muskelverkürzungen in ihrer Beweglichkeit eingeschränkten Gelenke bewirken die beschriebene Bewegungsarmut mit der Unfähigkeit, gewohnte Alltagsbewegungen oder sportliche Aktivitäten auszuführen. Der auf diese Art Immobilisierte schließt sich selbst gesellschaftlichen Verpflichtungen aus. Bei sportlichen Aktivitäten ist er allenfalls noch passiver Teilnehmer. Auch diese Teilnahme erduldet er nur unter zunehmenden Beschwerden und bleibt schließlich „leidtragend" diesen früheren Vergnügungen fern. Der Kreis zu einer psychischen Beeinflussung ist auf diese Art und Weise geschlossen.

Je länger die Eskalation ungehindert ihren Fortgang nimmt und je intensiver die Beschwerden werden, desto problematischer wird auch die Möglichkeit, hier bremsend einzugreifen. Der „Flächenbrand" der muskulären Symptomatik hat sich inzwischen soweit ausgedehnt, daß die Betroffenen Beschwerden angeben, die von vielen Therapeuten mit äußerster Skepsis und mit Unbehagen aufgenommen werden: Diese Patienten äußern jetzt ständige Schmerzen, dies nahezu überall und immer. Das Vollbild der so eskalierten muskulären Dysbalance entspricht im Prinzip exakt dem Krankheitsbild, das heute als **generalisierte Tendomyopathie (GTM)**, im angelsächsischen und internationalen Sprachgebrauch als **generalisiertes Fibromyalgie-Syndrom** definiert ist.

! Fibromyalgie – Vollbild einer eskalierten muskulären Dysbalance?

5 Die Fibromyalgie

5.1 Definition und Epidemiologie

Bevor wir uns der Frage zuwenden, ob das Krankheitsbild der generalisierten Fibromyalgie letztlich nur die Spitze der oben beschriebenen Eskalationsspirale einer Muskeldysbalance ist oder eine andere nosologische Einheit bildet, möchte ich zuvor etwas zu dieser Erkrankung anmerken:

Die Bezeichnung **Fibromyalgie**, in Deutschland als **generalisierte Tendomyopathie** benannt, wurde 1976 von Hench eingeführt. Obwohl wir annehmen können, daß das Krankheitsbild zweifellos schon seit Generationen bestand und möglicherweise auf Grund besonderer psychischer Faktoren in den letzten Jahren zunahm, ist es ein Phänomen, daß diese Erkrankung bei der Vielfalt der Symptome mit ausgedehnten Schmerzen und gleichzeitigen funktionellen und vegetativen Störungen bis zum heutigen Tag vielen Fehldiagnosen anheimfällt und dadurch auch verfehlten Therapien zugeführt wird. Gerade im Hinblick auf die variantenreiche Symptomatologie dieser Störung scheint es korrekt zu sein, die Krankheit „Fibromyalgiesyndrom" zu nennen. Einige Autoren bestehen darauf, die Benennung auf „generalisiertes Fibromyalgiesyndrom" auszudehnen. Da definitionsgemäß die Fibromyalgie generalisiert auftritt und jeder weiß, daß sie mit einer Vielzahl von Symptomen unterschiedlicher Art auftritt, halte ich es für vertretbar, wenn man ausschließlich von der Fibromyalgie spricht, wie ich es in den folgenden Ausführungen machen werde.

Bei besserer Kenntnis dieses Krankheitsbildes könnten den Patienten viele überflüssige operative Interventionen erspart bleiben. Eine mögliche Verringerung der Invalidität würde die medizinisch-soziologische Landschaft verändern.

Nach vorsichtiger Schätzung und auf Grund mehrerer epidemiologischer Studien gibt es in Deutschland mindestens 2 Millionen Patienten mit einer generalisierten Fibromyalgie, von denen nur ein Bruchteil diagnostisch erfaßt ist. Ein nicht unbeträchtlicher Anteil dieser Patienten mündet in einer Erwerbslosigkeit, weil entscheidende Maßnahmen zum richtigen Augenblick nicht getroffen werden.

Obwohl die Diagnose der Erkrankung auf Grund charakteristischer Kriterien (s. Kap. 5.2) einfach ist, bleibt die Pathogenese trotz intensiver Forschungsbemühungen immer noch weitgehend im dunkeln. Es existieren vielfache Therapiestrategien, vermutlich wird aber eine polypragmatische Behandlung vorerst die einzige sinnvolle Behandlung bleiben.

! In Deutschland gibt es 2 Millionen Fibromyalgie-Patienten

Verweilen wir noch einmal kurz bei dem Krankheitsbegriff, also der Nomenklatur. Nach Einführung der Bezeichnung Fibromyalgie-Syndrom, früher als Weichteilrheumatismus oder als Panalgesie beschrieben, wurde im englischen Sprachraum der Begriff Fibrositis verwendet. Die Vorstellung einiger Untersucher, daß eine entzündliche Komponente vorliegen müsse, führte zu dieser sicherlich nicht ganz glücklichen Bezeichnung. Der im deutschen Sprachraum gebräuchliche Begriff der generalisierten Tendomyopathie, der sich bis heute gehalten hat, ist anschaulich und beinhaltet die Schmerzlokalisation an Muskeln und Sehnen. Dennoch werde ich mich im folgenden der internationalen Bezeichnung *Fibromyalgie* bedienen.

Nach Yunus erkranken Frauen etwa 4- bis 5mal häufiger an einer Fibromyalgie als Männer. Wenngleich sie auch bei Jugendlichen und alten Menschen beschrieben wurde, findet sich ein Häufigkeitsgipfel bei Frauen in der Prämeno- bzw. Menopause. Über die Häufigkeit und Verteilungsmuster innerhalb verschiedener Rassen ist bisher nichts Definitives berichtet worden. Die gängigen Untersuchungen beziehen sich weitgehend auf die weiße Rasse. Neueste Untersuchungen aus China sprechen aber für ein rassenunabhängiges Vorkommen dieser Störungen (Engel).

5.2 Symptomatik und Diagnostik

Nach den von der American College of Rheumatology (ACR) 1990 festgelegten Kriterien bestehen die charakteristischen Symptome der Fibromyalgie in generalisierten Schmerzen, Steifheit, Müdigkeit und Schlafstörungen. Der Schmerz findet sich in allen vier Extremitäten sowie im Schulter-Nackenbereich und am Rumpf. Mehr als die Hälfte aller Patienten beschreibt ihre Schmerzen überall. Die Steifheit, also die Bewegungseinschränkung, wird vornehmlich stärker am Morgen als am Abend angegeben, wohingegen die Schmerzen eher abendlich als am stärksten beschrieben werden.

Die Müdigkeit ist eine häufige Angabe von Fibromyalgie-Patienten. Viele Untersuchungen bestätigen zwar eine solche Müdigkeit, eine schlüssige Ursache wurde aber trotz wissenschaftlicher Untersuchungen nicht gefunden. Das Chronic-fatigue-Syndrom ist zwar ein eigenständiges Krankheitsbild, wird aber oft als Synonym für die Antriebslosigkeit und die chronische Müdigkeit im Falle einer Fibromyalgie verwendet, was meiner Ansicht nach zu Unrecht erfolgt: Ein konstanter, auch nächtlich bestehender Schmerz, der den Schlaf empfindlich stört, ist Grund genug, eine chronische Müdigkeit auf dem Boden von Schlafstörungen hinreichend zu erklären. (s. Kap. 7.10, S. 85)

! Chronische Müdigkeit bei der Fibromyalgie ist Folge eines permanenten Schlafentzugs durch die nächtlichen Schmerzen

Die angegebenen Muskelschmerzen und die Steifheit betreffen zumeist den Schulter-Nackenbereich, Schulter- und Ellenbogengelenke, Arme, Hände, Knie- und Fußgelenke, Füße sowie die Hüftregion. Aber auch die Kaumuskulatur sowie die vordere Brustwand werden als Schmerzlokalisation genannt.

Bei den mehr unilateralen Rumpf- und Extremitätenschmerzen kann man feststellen, daß sich vermutlich die Einseitigkeit der körperlichen Tätigkeit bzw. der beruflichen Exposition auf die Bevorzugung bestimmter Körperpartien auswirkt.

! Gelenksteifigkeit bei der Fibromyalgie bedeutet Bewegungseinschränkung infolge Muskelverkürzung

Neben den angegebenen breitgestreuten Schmerzen berichten die Fibromyalgie-Patienten auch über das Gefühl von **Schwellungen** und **Parästhesien**. Die Häufigkeit dieser Angaben ist im Vergleich zu anderen Kollektiven gesteigert.

Überängstlichkeit, Streßempfindlichkeit und Depressionen werden in einem signifikant höheren Anteil von Patienten mit einer Fibromyalgie angegeben. Viele Untersuchungen, auch von Yunus, haben gezeigt, daß die Fibromyalgie *keine* psychologische oder psychiatrische Erkrankungsform darstellt. Vielmehr verstärken psychiatrische oder psychologische Probleme den Schmerz und „triggern" sozusagen das Krankheitspotential der Fibromyalgie.

Bemerkenswert bei den zahlreichen Arbeiten über die Schmerzcharakteristika und Schmerzausbreitung von Fibromyalgie-Betroffenen ist die Tatsache, daß alle Untersucher offensichtlich immer nur Patienten mit dem vollausgebildeten Krankheitsbild beschreiben. Es liegt die Vermutung nahe, daß die Untersuchungen ausschließlich an Zentren durchgeführt werden, in denen tatsächlich nur solche Fibromyalgie-Patienten untersucht wurden, die bereits ein voll ausgebildetes Krankheitsbild aufwiesen.

In kaum einer Arbeit, außer bei Yunus, Wolfe und Müller, finden sich Hinweise dafür, daß die Fibromyalgie, wie jede andere Krankheit, Anfangsstadien durchläuft, die vermutlich ebenfalls mit Schmerzen und typischen charakteristischen Erscheinungen einhergehen müssen, allerdings in sehr milder Form und möglicherweise nur von einer Region ausgehend. Wenn weniger als die geforderte Anzahl von 11 von 18 Druckpunken (siehe später) gefunden werden, und wenn nicht die geforderte konstante Schmerzdauer von 3 Monaten vorliegt, so erhebt sich die Frage, wie man diese Funktionsstörung bezeichnet. Ist dieses Stadium eine „Präfibromyalgie"? Ist der Schmerzzustand eine Eskalation der muskulären Dysbalance? Die Tatsache, daß der Fibromyalgie mit den entsprechenden Kriterien ein Zustand vorausgehen muß, der in seinen Auswirkungen milder, d. h. weniger dramatisch in Erscheinung tritt, ist nicht von der Hand zu weisen.

Die Fibromyalgie entwickelt sich nicht von heute auf morgen in ihrer vollen Ausprägung. Logischerweise muß sie aus irgend einer – vermutlich das Krankheitsbild triggernden – Gesamtsituation entstanden sein.

! Die Fibromyalgie hat ein Prodromalstadium

Die signifikanteste Feststellung der Krankheit beruht auf dem Nachweis von sog. **Tender points** (Sehnendruckpunkte am Ursprung und Ansatz der Muskulatur). Die Tender points werden mit leichtem Fingerdruck palpiert. Da die Intensität des Fingerdruckes individuell und auch bei ein und demselben Untersucher deutlich schwankt, ist die Schmerzantwort sehr variabel. Eine verläßliche Aussage läßt sich nur von einem sehr geübten Untersucher machen.

Andrew Fischer in New York hat aus der wenig objektiven Meßmethode der Fingerpalpation ein Gerät entwickelt, das „Tissue-Compliance-Meter", das als diagnostisches Hilfsmittel eingesetzt wird. Hierbei wird ein etwa fingerbreiter Gummibolzen, der mit einem Druckmeßgerät verbunden ist, auf den Muskel aufgesetzt und mit bestimmtem Federdruck in die Weichteile gepreßt. Der Quotient aus Eindringtiefe und Kraftaufwand ergibt ein objektives Maß der Muskelspannung. Tatsächlich ist dieses Gerät aber nur bei der Muskelspannungsmessung der Muskelbäuche verwendbar, nicht bei dem Test zum Nachweis der Tender points.

Fischer hat nachweisen können, daß bei Verwendung dieses Gerätes bei wiederholten Messungen an ein und demselben Probanden kurz nacheinander unterschiedliche Ergebnisse auftreten können, so daß letztlich kein absolutes verläßliches Maß erhältlich ist. Das Gerät kann also intraindividuelle, aber keine verläßlichen interindividuellen Vergleiche liefern.

Das beste und sensibelste Meßgerät ist der untersuchende Finger des Arztes, der durch kein noch so gutes Meßgerät ersetzt werden kann (A. Fischer)

Nachdem eine Fülle von bekannten Tender points definiert wurde, waren sich unterschiedliche Untersucher nicht darüber einig, wie viele Schmerzpunkte nachweisbar sein müssen, um die Kriterien einer Fibromyalgie-Erkrankung zu erfüllen.

Müller und Schilling geben eine große Zahl von möglichen Druckschmerzpunkten an, Smythe beschränkte sich auf 14 spezifische Lokalisationen, während nach den Empfehlungen des American College of Rheumatology (ACR) 11 von 18 definierten Punkten druckschmerzhaft sein müssen, um eine Fibromyalgie bestätigen zu können.

Yunus hat die Bevorzugung bestimmter Druckpunkte und die Häufigkeit der auftretenden Schmerzen auf einem Schaubild zusammengefaßt, wie es Abb. **4** zeigt.

Eine zusätzliche Forderung des ACR beinhaltet, daß der Schmerz mindestens über 3 Monate bestanden haben muß, damit eine Fibromyalgie in Verbindung mit den anderen Kriterien bestätigt werden kann.

5.3 Persönlichkeitsstruktur

Smythe bezeichnet Fibromyalgie-Patienten als perfektionistisch, übermäßig loyal und hart arbeitend. Sie können schlecht nein sagen bei einer fast selbstzerstörerischen Tendenz. Sie wollen es den anderen stets recht machen. Sie zeigen daneben eine große Abneigung, negative Gefühle auszudrücken. Auch Labhardt betont den zwanghaft-perfektionistischen, überwiegend beherrschten Persönlichkeitstyp dieser Patienten, die nach seiner Meinung eine dienend-aufopfernde Grundhaltung besitzen. Der sich entwickelnde Ambivalenzkonflikt zwischen ständig wechselnder Fremd- und Selbstbeherrschung soll sich nach seiner Vorstellung unter anderem in einem gesteigerten Muskeltonus äußern.

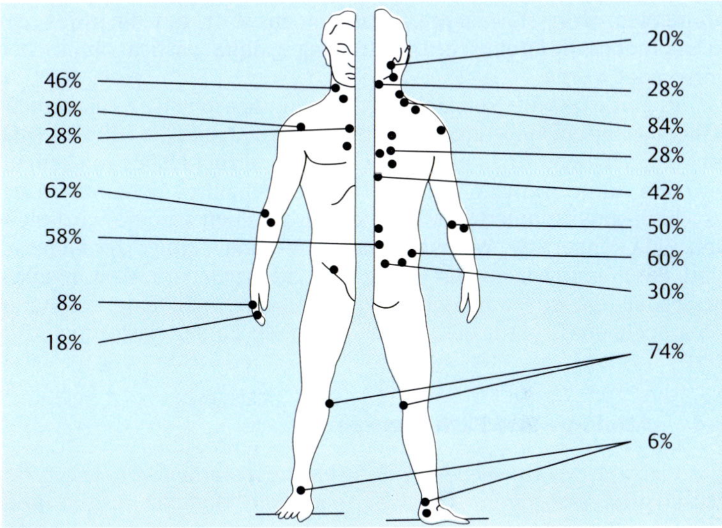

Abb. **4** Häufigkeit der gefundenen Tender points bei der Fibromyalgie (nach Yunus).

Ich selbst fand bei einer großen Zahl weiblicher Fibromyalgie-Patienten die typische Hausfrau, die in ihrem fast übervortrefflichen und ungebremsten Tatendrang ihrer täglichen Hausarbeit mit einem solchen Perfektionismus nachkommt, daß sie für die Umgebung schließlich zur Qual wird. „Gschaftlhuberei", zwanghafter Ordnungssinn und ständige Unrast sind hierbei typische Merkmale. Das ständige vorzeitige Abräumen des Geschirrs, etwa bei Besuch von Freunden, die stets beflissene Hektik, das Wegbringen und Heranschaffen von überflüssigen Dingen in vermeintlicher Fürsorge, all dies führt zu spannungsgeladenen Konfliktsituationen in der Familie.

Das Nichtverstandenwerden dieser doch so perfekt ausgefüllten Rolle der Hausfrau führt bei den betroffenen Frauen selbst zu einem Spannungsfeld, das sich selbstverständlich auch muskulär dokumentieren muß! Die äußerlich auch von Mitmenschen erkennbare Verkrampfung (sowohl geistig als auch körperlich) bringt diesen Frauen den in Bayern gebräuchlichen Namen „Krampfhenne" ein. Dieser sicherlich despektierliche Begriff war jahrelang sogar in führenden bayerischen orthopädischen Universitätskliniken ein Bewertungsmerkmal für solche Persönlichkeitsstrukturen, wobei in Arztbriefen oder in Verlaufsprotokollen von stationären Patientinnen statt des Begriffes der Krampfhenne die lateinische Übersetzung „gallina spastica" ohne Scheu verwendet wurde.

Es gibt eine Fülle von Untersuchungen über mögliche Zusammenhänge psychischer Störungen und dem Krankheitsbild der Fibromyalgie, eindeutige Belege für eine Koinzidenz konnten aber bisher von keinem einzigen Autor erbracht werden. Daß ein gehäuftes Vorkommen bei psychisch prädisponierten Menschen zu bestehen scheint, wird nicht von allen Kennern der Materie bestätigt. Während einige der Meinung sind, die Fibromyalgie kann jeden Menschen gleichermaßen befallen, neigen andere und auch ich zu der Annahme, daß eine besondere Persönlichkeitsstruktur die Entstehung dieser Funktionsstörung „triggert".

5.4 Ätiologie und Pathogenese

Die Vielzahl der angegebenen diffusen Beschwerden von seiten der Muskulatur und deren Ansätzen hat viele Untersuchungen über mögliche Strukturveränderungen der Muskulatur induziert. Elektronenmikroskopische, kernspintomographische, histochemische und andere Untersuchungen konnten jedoch kein eindeutiges Korrelat zwischen der nachgewiesenen Fibromyalgie und objektivierbaren Veränderungen aufzeigen.

Allein die Tatsache, daß unterschiedliche Untersuchungsergebnisse zur Frage einer möglichen Verminderung des Sauerstoffpartialdruckes bei der Fibromyalgie veröffentlicht wurden, läßt erkennen, wie wenig genau das Krankheitsbild verläßliche Daten liefert.

Einige Forscher, wie etwa Bengtsson, nehmen an, daß die Aktivität des Sympathikus die Pathogenese der Fibromyalgie beeinflußt. Campbell äußert sich eher skeptisch darüber, ob die Palpation von Tender points überhaupt verläßlich ist, da nach seiner Untersuchung auch Tender points bei Gesunden zu finden sind, nur haben diese wesentlich weniger schmerzhafte Punkte als die Patienten mit einer Fibromyalgie.

Aus alledem läßt sich die Frage ableiten, ob die Fibromyalgie überhaupt als eigenes Krankheitsbild gelten kann oder eher eine besondere Art einer Funktionsstörung der kontraktilen Weichteile ist.

Dem aufmerksamen Leser wird nicht entgangen sein, daß bei der Aufzählung der Krankheitsmerkmale bei Patienten mit einer muskulären Dysbalance und der bei Fibromyalgie-Patienten fast identische Beschwerden und Befunde beschrieben werden. Selbst die psychischen Grundkonstellationen bzw. psychosomatische und somatopsychische

Einflüsse finden sich bei beiden Krankheitsbildern. Wenngleich einige Autoren glauben, daß das Krankheitsbild der generalisierten Fibromyalgie ein völlig eigenständiges und von den tendomyotischen Funktionsstörungen abzugrenzendes Krankheitspotential darstellt, so tendiere ich zu der Annahme, daß es fließende Übergänge zwischen den beiden genannten Krankheitsbildern gibt, wobei in den letzten Monaten Kongreßberichte meine Meinung zu bestätigen scheinen.

Ich stimme mit Müller darin überein, daß es vermutlich eine Frage der Zeitdauer ist, um aus einer sekundären Tendomyose ein Fibromyalgiesyndrom entstehen zu lassen. Daß bestimmte Persönlichkeitsmerkmale bestehen müssen, um aus einer tendomyotischen Frühform eine chronifizierte Entwicklung im Sinne einer Fibromyalgie entstehen zu lassen, wird, wie bereits beschrieben, von den meisten Autoren bestätigt.

! Von der sekundären Tendomyose zur Fibromyalgie gibt es fließende Übergänge

6 Diagnose der muskulären Funktionsstörungen

6.1 Anamnese

Eigentlich erübrigt es sich, bei der Aufzählung der diagnostischen Schritte auf die Notwendigkeit der Anamneseerhebung einzugehen. Wenn dies dennoch hier ausdrücklich geschieht, so einmal der Vollständigkeit wegen, zum anderen, weil gerade im Hinblick auf die Problematik der Muskelfunktionsstörungen die Anamnese wertvolle Informationen liefert. Patienten mit Muskelfunktionsstörungen, gleichgültig welcher Art, besonders aber die Patienten mit einer generalisierten Fibromyalgie, sind nicht selten bei der ersten Kontaktaufnahme ihren Therapeuten gegenüber zurückhaltend, ja bisweilen sogar argwöhnisch. Die restriktive Haltung, auch freimütig anamnestische Daten zu liefern, die uns interessieren, rührt daher, daß viele dieser Patienten bereits eine Odyssee von Arztbesuchen hinter sich haben. Leider sind sie selten ausführlich angehört, noch weniger ausführlich untersucht worden. Aus dieser Erfahrung heraus entwickelt sich verständlicherweise bei einem Teil der Patienten eine überkritische Haltung gegenüber allen Ärzten.

Bei der Anamneseerhebung ist es nicht ausreichend, nur nach den aktuellen Beschwerden zu fragen, vielmehr ist es wichtig, den Werdegang der Beschwerden zu erfahren. Durch gezielte Fragestellung kann man sich über die familiäre, berufliche und soziale Situation ein Bild machen, ohne dessen Kenntnis die Bewertung der Anamnese vermutlich unvollständig bliebe. Ein Schmerzfragebogen nach anerkannten Kriterien ist zur Anamnesevervollständigung sinnvoll, das Führen eines „Schmerztagebuches" wird aber von vielen Autoren als psychologisch ungeeignet angesehen (Haneveld). Im Gegensatz zu rheumatischen Erkrankungen spielt die Familienanamnese hier eher eine untergeordnete Rolle, während die Sozialanamnese nicht ausführlich genug eruiert werden kann.

! Bei Erhebung der Vorgeschichte ist die Sozialanamnese am wichtigsten

Bei *anamnestischen Bewertungen* von Angaben über Muskelschmerzen läßt sich durch Präzisierung über Lokalisation und zeitliche

Charakteristika eine gewisse Zuordnung erleichtern. Wenngleich für eine Erkrankung keine pathognomonischen Charakteristika existieren, läßt sich erfahrungsgemäß eine gewisse Zuordnung durchaus ermöglichen. So wird man bei streng *lokalisierten* Schmerzangaben eher an eine Gelenkerkrankung, eine Skelettaffektion, traumatische Veränderungen sowie infektiöse Muskelerkrankungen und lokalisierte tendomyotische Prozesse denken, während bei *generalisiert* auftretenden Schmerzen eine Tendomyose, entzündliche Muskelerkrankungen bzw. eine Vaskulitis zu diskutieren wäre. Bei *nächtlichen* Beschwerden wird man eher an eine Polymyalgia rheumatica, an neuralgische Schulter-Arm-Amyotrophien, an diabetische Amyotrophien und entzündlich neoplastische Skeletterkrankungen denken. Beträgt die *Schmerzdauer* nur wenige Minuten, so deutet dies auf ischämische Veränderungen und metabolische Störungen hin, während stunden- bis tagelange Beschwerden eher auf entzündliche Prozesse hinweisen. Es sollte weiter gefragt werden, ob die Schmerzen *belastungsunabhängig*, und zwar sowohl körperlich als auch psychisch oder *witterungsabhängig* sind.

6.2 Inspektion

Daß die Inspektion und das Beobachten eines Menschen mit Funktionsstörungen des Bewegungsapparates bereits Hinweise liefert, ist jedem Arzt bekannt. Kleinschrittigkeit, bedächtige Bewegungen, schmerzgeprägte Einschränkungen von Bewegungsausmaßen und ähnliche Auffälligkeiten sind häufig bereits beim Eintritt in das Untersuchungszimmer zu erkennen. Das An- und Ausziehen von Kleidungsstücken gibt ebenfalls Hinweise, inwieweit hier oder dort Funktionseinschränkungen bestehen.

Die Inspektion beschränkt sich nicht nur auf die Bewegungsabläufe des Patienten, sondern konzentriert sich im wesentlichen am entkleideten Patienten auf die körperliche Grundhaltung, Bewegungsfähigkeit von Gelenken, auf Weichteil- und Gelenkkonturen, etwaige Atrophien, etc..

Zur Inspektion gehört es auch, den Bewegungsumfang zu testen und festzustellen, ob und wieweit Bewegungen harmonisch oder unvollständig ausgeführt werden können.

6.3 Palpation

Bei der diagnostischen palpatorischen Bewertung der muskulären Dysbalance sowie der Fibromyalgie sind prinzipiell keine unterschiedlichen Techniken einzusetzen. In aller Regel ist es ausreichend, sich auf Auge, Ohr und Tastbefund zu beschränken. Weitere diagnostische Hilfsmittel technischer Art sind zunächst überflüssig. Die Palpationsuntersuchung selbst geschieht am sitzenden oder liegenden Patienten. Die zu untersuchenden Muskelgruppen werden im Zangengriff mit zwei Fingern untersucht und Areal für Areal mit leichtem Druck palpiert. Nicht umfaßbare Muskeln werden mit flach aufgesetztem Finger auf der knöchernen Unterlage hin und her verschoben und so palpiert. Oberflächliche Triggerpunkte in den Muskelbäuchen werden mit sehr geringem Druck getastet, während tiefer gelegene Triggerpunkte besser aufzufinden sind, wenn man ein Gleitmittel (Öl oder Seife) auf die Hautoberfläche aufbringt. Um bei der Palpation die beste Antwort auf schmerzhafte Strukturveränderungen zu erhalten, wird quer zur Faserrichtung der Muskulatur palpiert, wobei man einen etwa 2–4 mm dicken, rundlichen gespannten Muskelstrang mit besonders empfindlicher Stelle findet.

! Die beste Muskelpalpation erfolgt manuell, nicht mit einem Gerät

6.4 Überprüfung des Muskels auf seine Dehnbarkeit

Es würde an dieser Stelle zu weit führen, würde man alle entsprechenden Muskeldehnungstests aufzählen, die es zu untersuchen gilt. Ich werde daher beispielhaft drei Untersuchungen beschreiben. Diese Prüfungen erfolgen unter Umständen als Ergänzung zu einem Tastbefund, sind aber im Prinzip ohne spezielle Palpation aussagefähig. Die drei Muskeln, die hier auf Dehnbarkeit getestet werden, sind einmal der M. levator scapulae, zum anderen der M. psoas und der M. rectus femoris.

Bei der Überprüfung der Längenfunktion ist es, wie auf den dargestellten Bildern (Abb. **5 a–b** und **6 a–d**) gezeigt, möglich, alleine durch aktive Bewegung die entsprechenden Muskellängen zu beurteilen, wobei der Untersucher die Normalbefunde kennen sollte.

6.5 Provokationstest

Bei diesem Test werden Schmerzen in der Referenzzone durch Druck, Anspannung oder Dehnung des betreffenden Muskels ausgelöst. Bei der Palpation der Tender points ist der Zangengriff, wie bei der Triggerpunkt-Suche, verständlicherweise nicht angebracht. Es reicht vollkommen, wenn die Fingerbeere mit wenig Druck am Ursprung und Ansatz des betreffenden Muskels aufgesetzt wird. Auch hier sind exakte anatomische Kenntnisse über den Verlauf des Muskels von großer praktischer Bedeutung, um rasch und sicher die entsprechenden Punkte zu finden und unterscheiden zu können.

! Zur Diagnostik der muskulären Dysfunktion benötigt man Auge, Ohr und Tastsinn

Wenn ich das Auge bei der Erkennung von Haltungsabweichungen, Bewegungseinschränkungen oder der Mimik des Patienten und das Ohr für die Wahrnehmung der Schilderung über Schmerzbeginn und weitere wichtige Informationen angeführt habe, so kommt letztlich dem Tastsinn die Hauptbedeutung zu. Dieser ist das eigentliche Rüstzeug, das, im Gegensatz zu den beiden erstgenannten diagnostischen Möglichkeiten, einer besonderen Schulung bedarf.

Sind wir Ärzte ehrlich, müssen wir zugeben, daß nur ein kleiner Teil von uns ausreichend Übung darin besitzt, unterschiedliche Gewebestrukturen mit den Fingerkuppen ertasten zu können. Je häufiger wir uns in dieser Technik üben, desto rascher werden wir normale von krankhaften Befunden unterscheiden können.

Daß die manualtherapeutisch tätigen Kollegen gegenüber den übrigen einen großen Vorteil bei dieser Technik haben, ist bekannt.

Wenn ich eingangs beschrieben habe, daß das Anfassen, also das „Begreifen" der Weichteile bei den Krankheitsbildern der Muskeldysfunktionen die Funktionsstörung begreifen läßt, so deutet die Wiederholung dieses Hinweises auf die Wichtigkeit dieser Aussage hin.

Zu Beginn dieses Kapitels habe ich ausgeführt, daß Auge, Ohr und Tastsinn im Prinzip ausreichen, eine muskulär bedingte Funktionsstörung zu diagnostizieren. Eine Besonderheit wurde von mir noch nicht erwähnt, die aber nach meinem Dafürhalten eine mindestens so wichtige Rolle spielt: Der Untersucher muß neben den Augen, Ohren und Händen etwas einsetzen, was man mit Geduld, Zuwendung, Freundlichkeit, Verständnis und Zeit, zusammengefaßt mit *Herz* bezeichnen könnte. Mir ist durchaus bewußt, daß dieser Hinweis leicht als pathetisch mißdeutet werden kann.

Ich weiß aus eigener Erfahrung und aus Berichten vieler Kollegen, die sich mit diesen Krankheitsbildern befassen, daß ohne die letztgenannte Voraussetzung das Krankheitsbild möglicherweise ertastet, nicht aber in seiner gesamten Bedeutung erfaßt werden kann.

In Anbetracht der Tatsache, daß viele Patienten mit den beschriebenen Funktionsstörungen der Muskulatur nichts und niemanden „an sich heranlassen", schon allein deshalb, weil die körperliche Kontaktaufnahme schmerzverstärkend wirkt und eine psychische Abwehrhaltung vorliegt, ist das „einfühlsame" Vorgehen in seinem eigentlichen Sinngehalt eine conditio sine qua non.

! Man muß sich in Patienten mit muskulären Funktionsstörungen „einfühlen" können

Patienten mit Muskelfunktionsstörungen vermissen in aller Regel bei den meisten Therapeuten das Gefühl, mit ihren Problemen und Beschwerden überhaupt ernst genommen zu werden.

Die erste Kontaktaufnahme mit diesen Patienten unter Hektik, praxisbezogenem Zeitdruck und Ungeduld, wird vermutlich ein Fiasko werden. Die ohnehin sehr differenziert erscheinenden Patienten erzeugen meist spontan bei vielen Untersuchern eine Aggression, wenn nicht sogar Aversion, nicht zuletzt ausgelöst durch die Angaben des Kranken, „es tut mir immer und überall weh".

! Man muß bei Patienten mit muskulären Funktionsstörungen geduldig sein können

Der oft unter Zeitdruck stehende Arzt wird alleine von dem Hinweis „überall" dahingehend irritiert, daß er bei dieser Angabe ein zielgerichtetes Untersuchungsprogramm nur unter Aufgabe seiner bisherigen schematischen Denkweise durchführen kann. Darüber hinaus sind viele Kollegen nicht bereit zu akzeptieren, daß ein Schmerz tatsächlich „überall und ständig" existieren kann, womit bei fehlender Akzeptanz von seiten des Arztes a priori eine vertrauensvolle Verständigung zwischen Arzt und Patienten nicht aufkommen kann.

! Man muß bei Patienten mit muskulären Funktionsstörungen Vertrauen erwecken können

Die bisher schematischen Hinweise auf die Reihenfolge des Vorgehens möchte ich im folgenden an einigen Beispielen der Untersuchungstechnik einmal im Schulter-Nackenbereich, zum anderen an der Wirbelsäule aufzeigen.

6.6 Manuelle Untersuchung

6.6.1 Schulter-Nackenbereich

Es werden beispielhaft einige Untersuchungstechniken dargestellt, die für den praktisch tätigen Arzt aufgrund der Bilddarstellungen nachvollziehbar und erlernbar sind.

Die Untersuchung sollte immer so gehandhabt werden, daß zunächst vom entkleideten Patienten aktive Bewegungen ausgeführt werden, um das spontan mögliche Bewegungsausmaß erkennbar zu machen. Die Stellung des Kopfes und die Haltung der Halswirbelsäule werden von hinten und von der Seite registriert, wobei bereits ohne Durchführung von Bewegungen in einigen Fällen erhebliche Normabweichungen festgestellt werden können.

Dann wird der Patient aufgefordert, bis zur Schmerzgrenze das Kinn zum Brustbein zu bewegen und umgekehrt das Kinn vom Brustbein zu entfernen (Flexion/Extension). Das Bewegungsausmaß kann man zwar durch einen Winkelmesser bestimmen, verläßlicher ist aber die Angabe des Abstandes zwischen Kinn und Sternum bei der Flexion/Extension mittels eines Maßbandes.

Bei der Überprüfung der Rotation der Halswirbelsäule stellt man sich knapp hinter den sitzenden Patienten und kann die aktive Rotation des Kopfes nach links und rechts von oben sehr gut beobachten und mit einem Winkelmesser bestimmen.

Die Bewegung des Kopfes zur Seite (Lateralflexion) beobachtet man am besten von hinten, wobei der Betrachter in Augenhöhe mit dem Patienten stehen sollte.

Bei eingeschränkter Rotation des Kopfes bzw. eingeschränkter Seitneigung nach rechts läßt sich durch Anheben der linken Schulter manchmal eine deutliche Zunahme der Rotations- bzw. Lateralflexionsbewegung erzielen, weil ein Teil der Schulter-Nackenmuskeln, die zu kurz waren, nun an Bremsfunktion verlieren (Abb. **5**).

6.6.2 Wirbelsäule

Bei Betrachtung des Rumpfes von der Seite erkennt man oft eine **Innenrotationsfehlstellung** der Schultergelenke, die auch aktiv nicht beseitigt werden kann. Aufgefordert, eine aufrechte, „militärische" Haltung einzunehmen, beklagen viele Patienten mit Verkürzung der tonischen Muskeln einen ziehenden Schmerz, der sie sofort wieder in die Fehlhaltung zurückfallen läßt. Eine vermehrte Rundrückenbildung und eine sogenannte **sternosymphysale Belastungshaltung** (nach

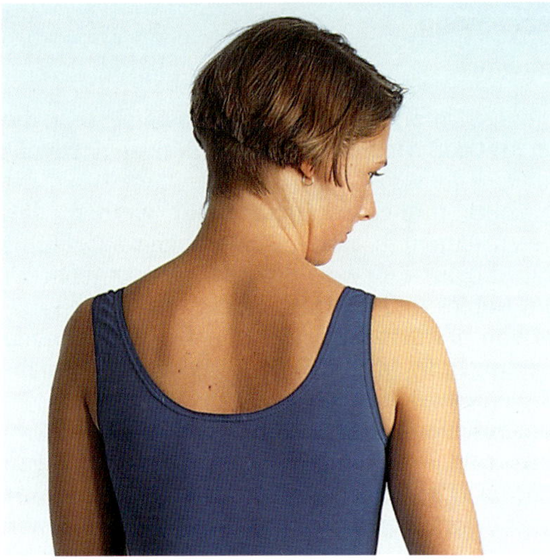

Abb. **5 a, b** Bei Rotationseinschränkung des Kopfes nach rechts durch Verkürzung des M. levator scapulae läßt sich die Beweglichkeit deutlich verbessern, wenn die linke Schulter passiv angehoben wird. Dadurch wird der M. levator scapulae entspannt und die dadurch bedingte Einschränkung der Rotation wird nunmehr verbessert.

Brügger) sind erkennbar, wobei der Abstand des Sternums zur Symphyse geringer ist als bei physiologischer aufrechter Körperhaltung gesunder Personen. Zwangsläufig entsteht durch die beschriebene Fehlbelastung der oberen Wirbelsäule auch eine hyperlordotische Einstellung der Lendenwirbelsäule, die naturgemäß im Stehen am besten zu erkennen ist. Eine pathologische Beckenkippung mit Tiefstand der Symphyse und Bauchdeckenschwäche ist als Begleitphänomen erkennbar. Bei der Betastung der Rückenmuskulatur im Stehen findet man häufig einen Hypertonus der paravertebralen Muskelgruppen, die den Eindruck erwecken, als sei die Muskulatur besonders kräftig. Bei der Vorwärtsbewegung des Rumpfes entfaltet sich die Lendenwirbelsäule nur unvollkommen, so daß die Entlordosierung nur ungenügend in Erscheinung tritt (Messung des Schober-Index).

Bei Prüfung der **Kiblerfalte** im Bereich der Lendenwirbelsäule findet man oft Verquellungen der Unterhaut, die auf neurale Störungen entsprechender dazugehöriger Wirbelsäulensegmente zurückzuführen sind (die Störung ist etwa 3–4 Segmente oberhalb der gefundenen Verquellung lokalisiert).

Eine wichtige Untersuchung, die auch jedem Praktiker leicht möglich ist, ist die Bestimmung der Muskellänge des M. iliopsoas sowie des M. rectus femoris:

Die Abbildungen **6 a–d** veranschaulichen den einfach auszuführenden Test: Der zu Untersuchende wird gebeten, sich mit dem Gesäß auf die Kante der Untersuchungsliege zu setzen. Danach zieht er mit beiden Händen ein Kniegelenk an seine Brust und legt sich mit dem Oberkörper zurück auf die Untersuchungsliege. Das andere, nicht festgehaltene Bein wird frei hängend der Schwerkraft überlassen. Von der Seite betrachtet erkennt der Untersucher deutlich, ob sich die Oberschenkelachse in Fortsetzung der Körperlängsachse befindet (Abb. **6a**) oder ob das Kniegelenk höher steht als die Hüfte (Abb. **6b**). Im letzteren Fall muß davon ausgegangen werden, daß der M. iliopsoas zu kurz ist. Dieser Test gibt darüber hinaus Auskunft, ob der M. rectus femoris zu kurz ist: Bei genügender Länge des M. rectus femoris hängt der Unterschenkel nahezu senkrecht zur Erde herab, während er bei einer Verkürzung stärker abgewinkelt wird (Abb. **6c**).

Es ist nicht ungewöhnlich, daß sowohl der M. iliopsoas als auch der M. rectus femoris zu kurz sind, was sich bei den Tests leicht erkennen läßt. Hierbei steht das Knie höher als die Hüfte, und gleichzeitig wird der Unterschenkel abgewinkelt (Abb. **6d**).

Mit diesem recht einfach durchzuführenden Test, den ich als **Beinhängetest** bezeichne, kann man also zusammengefaßt drei unter-

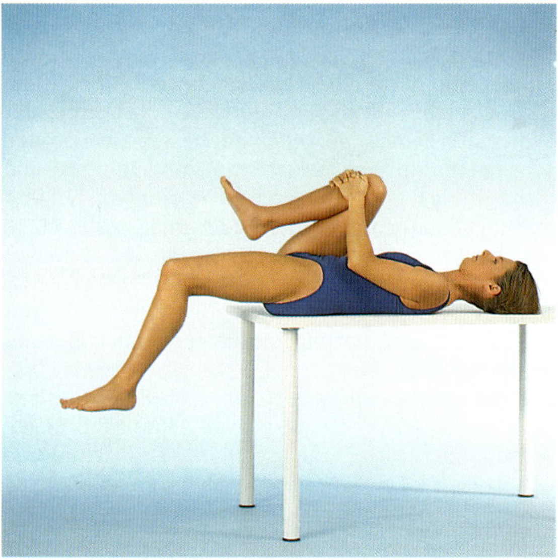

Abb. **6 a**
Normalbefund

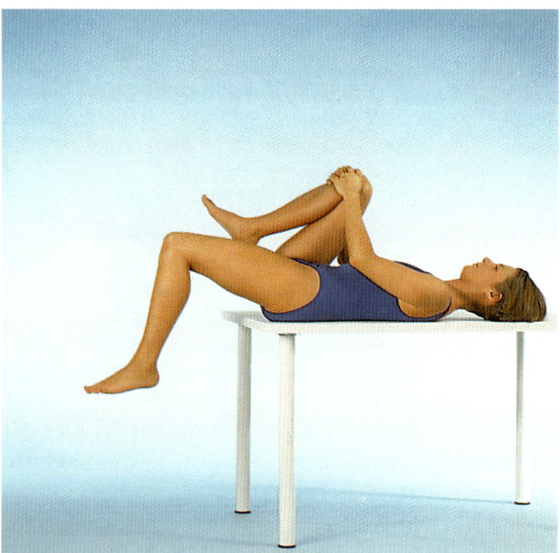

Abb. **6 b**
Verkürzung des M. iliopsoas

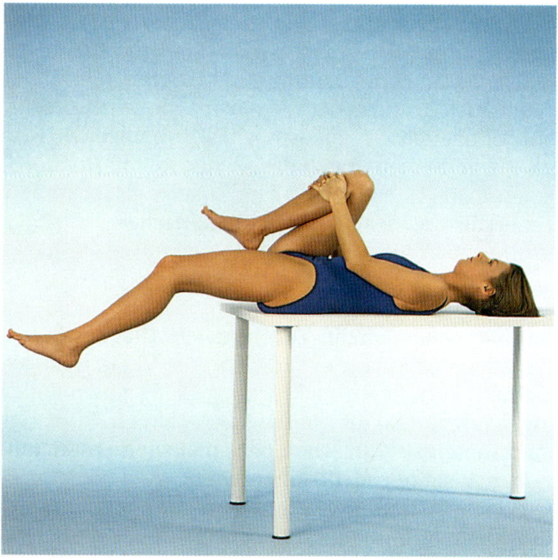

Abb. **6 c** Verkürzung des M. rectus femoris

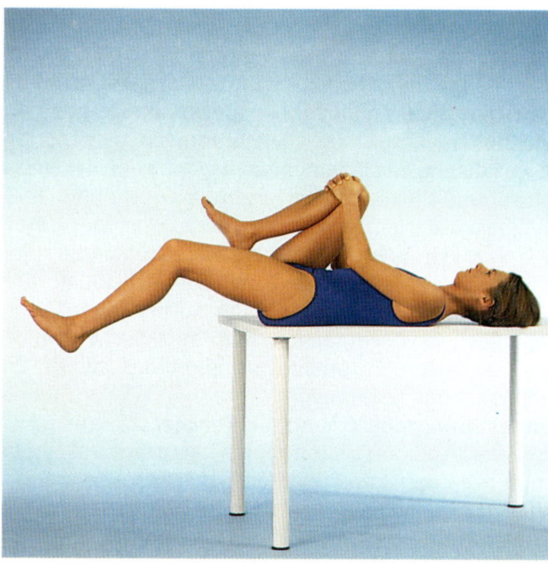

Abb. **6 d** Verkürzung des M. ilio-psoas und gleichzeitig des M. rectus femoris

schiedliche mögliche Muskelverkürzungen gleichzeitig testen. Eine Palpation der entsprechenden Muskeln ist bei diesem Untersuchungsgang nicht erforderlich, die Diagnosestellung geschieht rein optisch.

Bei den bisherigen Ausführungen der Diagnostik wurde im wesentlichen die manuelle Untersuchung angesprochen. Wenngleich diese klinische Untersuchung in meinen Augen die wichtigste Informationsquelle darstellt, muß man in einigen Fällen unbedingt technische Untersuchungen zur Ergänzung der Diagnostik heranziehen.

6.7 Technische Untersuchungen

Die **Röntgenaufnahme** gehört nicht zur initialen Diagnostik bei muskulären Beschwerden des Rückens. Radiologische Veränderungen und klinische Symptome korrelieren nicht zwangsläufig miteinander. Dennoch sind Röntgenaufnahmen für die Diagnostik älterer Patienten, bei anamnestisch bekannten systemischen oder malignen Erkrankungen, bei neurologischen Ausfällen, Medikamenten- oder Alkoholabusus oder nach Traumen wichtig. Häufig gibt die seitliche Aufnahme der Lendenwirbelsäule mehr Informationen über mechanische Störungen als die Aufnahme von vorne (ap-Aufnahme). Prinzipiell sind Aufnahmen im Stehen denen im Liegen vorzuziehen. Es erscheint mir an dieser Stelle wichtig anzumerken, daß erhebliche degenerative Veränderungen völlig ohne klinische Konsequenz sein können, während ein völlig unauffälliger radiologischer Befund nicht bedeuten muß, alles sei in Ordnung.

Die **Knochenszintigraphie** ist eine sehr unspezifische Methode, die zwischen entzündlichen und mechanischen Störungen nicht unterscheiden läßt. Sie führt diagnostisch manchmal weiter, wenn bei Fieber und Gewichtsverlust, auffälligen Laborwerten wie erhöhter BSG, Anämie oder bei Versagen der konservativen Therapie andere Untersuchungsmethoden keine klärenden Befunde ergeben. Die Szintigraphie kann die Lokalisation von Infektionen, Tumoren, Arthritiden und Frakturen bzw. deren Folgen aufdecken, die der körperlichen Untersuchung nicht zugänglich bzw. entgangen sind. Spezifischere Informationen werden bei diesen Erkrankungen allerdings durch die Magnetresonanzuntersuchung gewonnen.

Mit der **Computertomographie** kann die Knochenstruktur sowie die der umgebenden Weichteile am besten beurteilt und die strukturelle Zuordnung bestimmt werden. Damit werden mechanische Veränderungen einschließlich der Spinalstenose aufgedeckt. Wählt man zusätzlich noch eine Kontrastmitteltechnik, können intradurale Prozesse sichtbar gemacht werden. Dynamische Untersuchungen sind durch die erzwungene Technik im Liegen so gut wie nicht möglich, hier ist ausschließlich der statische Befund zu erhalten.

Die **Myelographie** hat nach Einführung anderer Techniken an Bedeutung zwar verloren, spielt aber insbesondere bei der Funktionsuntersuchung unklarer Befunde immer noch eine bedeutende Rolle. Die mit dieser Untersuchung verbundene Lumbalpunktion ist infolge der invasiven Technik verständlicherweise nur besonderen Fällen vorbehalten.

Die **Magnetresonanztomographie** ist etwa doppelt so teuer wie die Computertomographie, dagegen weder invasiv noch strahlenbelastend. Der Vorteil liegt in der sehr guten Abgrenzmöglichkeit von Weichteilstrukturen, je nachdem ob sie eher wasser- oder eher fetthaltig sind. Bei Patienten mit Metallimplantaten ist die Untersuchung nur dann möglich, wenn die Implantate aus Titan hergestellt sind.

Elektrodiagnostische Methoden (EMG, Nervenleitgeschwindigkeitsmessung) sind geeignet, nervale Läsionen oder posttraumatische Zustände bzw. Reparationsvorgänge von neuralen Strukturen zu bestätigen.

Laboruntersuchungen sind in der Regel in der initialen Phase einer Übersichtsuntersuchung nicht erforderlich. Bei Verdacht auf entzündliche Prozesse oder bei Therapieresistenz ist zumindest die Blutsenkungsgeschwindigkeit zu überprüfen, dieser Untersuchung folgen dann das komplette Blutbild, Bestimmung des Kalziumwertes und der alkalischen Phosphatase, der sauren Phosphatase und Urinanalysen. Untersuchung auf okkultes Blut, Titerbestimmungen auf mögliche virale Infektionen runden das Laborspektrum ab.

7 Therapie

7.1 Physiotherapie

Wenn wir davon ausgehen, daß das Hauptmerkmal der Funktionsstörungen – wie bisher beschrieben – der zu kurze tonische Muskel ist, so muß die Zielsetzung der Behandlung eine **Wiederherstellung der normalen Muskellänge** sein. Durch Kräftigung der phasischen Muskeln wird die Muskelbalance, also die **Eutonie**, wieder hergestellt. In vielen Fällen können Fehlhaltungen einzelner oder mehrerer Körperabschnitte durch die Wiederherstellung der muskulären Eutonie spontan korrigiert werden. Der Umweg über die Haltungskorrektur zur Beeinflussung der Muskulatur ist zwar möglich und führt auch zum Erfolg, ist aber wesentlich aufwendiger als der über die Muskulatur selbst.

Der Norweger Olaf Evjenth und der Schwede Jern Hamberg haben in diversen Monographien spezielle Dehnungstechniken beschrieben, die großteils auf wissenschaftlicher Basis und auf Grund langer Untersuchungen erarbeitet wurden. Sie werden inzwischen weltweit an Krankengymnastikschulen und in Fortbildungen gelehrt. Jeder gut ausgebildete Physiotherapeut kennt Muskeldehnungstechniken und wendet sie an.

Für das Resultat einer guten Muskeldehnung spielt die **Technik** die wichtigste Rolle. Nach Evjenth und Hamberg sollten folgende Punkte dabei besonders beachtet werden:

- eine sichere Ausgangs- und Endstellung
- die bestmögliche Dehnung von Muskulatur oder Muskelgruppen auf eine schonende und kontrollierbare Weise
- Einsatz möglichst weniger Hilfsmittel, denn die Übungen sollten überall und jederzeit ausgeführt werden können.

Man unterscheidet prinzipiell zwischen **therapeutischen Dehnungen** und **Selbstdehnungen**. Im ersten Fall wird der Therapeut die entsprechenden Dehnungen vornehmen, im zweiten Fall wird der Patient angeleitet, ohne Hilfsperson selbständig die zu kurz gewordene Muskelgruppe korrekt und effektiv zu dehnen.

Wenn ich sehr großen Wert darauf lege, von „korrektem Dehnen" zu sprechen, so liegt das daran, daß nachweislich technisch unvollkommene Dehntechniken nicht nur schmerzhaft und uneffektiv, sondern auch schädlich sind: Durch falsch gewählte Hebel kann es zu einer Hypermobilität bestimmter Segmente kommen, was verständlicherweise neue Probleme mit sich bringt.

Wie bereits in früheren Kapiteln beschrieben, sind auch besondere Formen der Gymnastik, z. B. Jazzgymnastik und Aerobic angetan, Muskelgruppen in unphysiologischer Weise zu dehnen. Hier wird das Dehnen mit großer Kraft und langem Hebelarm durchgeführt. Oft ist auch die Kenntnis vom normalen Bewegungsumfang der verschiedenen Gelenke des Körpers unzureichend. Lange Strukturen werden überstreckt und zu kurze Strukturen überhaupt nicht in die Dehnung mit einbezogen. Insbesondere im Bereich der Lendenwirbelsäule entstehen durch diese falschen Dehntechniken irreparable Schäden. Der Therapeut sollte sich vor einer Behandlung mittels geeigneter Tests ein Bild über die aktuelle Gelenkbeweglichkeit machen.

Eine bestehende Muskeldysfunktion dokumentiert sich durch veränderte Bewegungsmuster, Veränderung im Muskelvolumen und palpatorisch feststellbaren geänderten Widerstand des Muskels. Der Bewegungsumfang der Gelenke und insbesondere das sogenannte Endgefühl am Bewegungsende sind im übrigen wichtige Parameter zur Beurteilung möglicher pathologischer Veränderungen.

Verkürzte Muskeln können häufig Irritationen und Kompressionsschäden an neuralen Strukturen verursachen, wenn diese etwa durch Logen oder Engpässe der verkürzten Muskeln hindurchziehen. Beispiele hierfür sind das Skalenus-Syndrom, das Supinator-, Pronator- und Piriformis-Syndrom, um nur einige zu nennen.

Die Tatsache, daß die verkürzten Muskeln auch ohne neurale Stimulation bei der Bewegung eine größere Aktivität besitzen, führt dazu, daß sie ihre Antagonisten hemmen (Gesetz nach Sherrington). Je stärker der Muskel tonisiert ist, desto größer ist also die Hemmung auf seinen Antagonisten. (s. Kap. 4.2, S. 24)

Der Erfolg der verschiedenen physiotherapeutischen Maßnahmen hängt verständlicherweise auch von der Schmerzsymptomatik des Patienten ab. Starke Schmerzen beeinträchtigen die aktive Teilnahme des Patienten an der Physiotherapie. Die Durchführung einer effektiven Physiotherapie ist daher oft nur unter einer adäquaten medikamentösen Behandlung möglich. Medikamente, die, wie z. B. das Tolperison als Natriumkanalblocker, effektiv den schmerzhaft erhöhten Muskeltonus senken, sind daher häufig eine sinnvolle therapeutische Ergänzung zur Physiotherapie.

7.2 Hinweise zur Dehntechnik muskulärer Strukturen

Nach Evjenth und Hamberg gilt beim Dehnen von Muskeln immer das gleiche **Grundprinzip**: Nach einer statischen Muskelkontraktion gegen Widerstand folgt das Entspannen. Sobald der Muskel in dieser Refraktärperiode ist, wird er gedehnt. Dieses Prinzip ist am schonendsten. Es beruht auf der Erkenntnis, daß ein Muskel unmittelbar nach einer statischen Kontraktion am besten entspannt und daher dehnbar ist. Je stärker die Kontraktion zuvor war, desto größer ist die nachfolgende Entspannung.

Jedem Dehnen sollte zuvor in irgend einer Form ein **Aufwärmen** vorangehen. Die spezifischste und einfachste Form, einen Muskel aufzuwärmen, ist die Kontraktion gegen Widerstand, also isometrische Arbeit.

Bei der Durchführung der Dehnung hat es sich bewährt, daß man das Gelenk mit sehr geringer Kraft bis an die Grenze der eingeschränkten Bewegung führt. In dieser Stellung wird der Patient aufgefordert, gegen den Widerstand des Therapeuten die Muskeln anzuspannen, die gedehnt werden sollen. Das Anspannen dauert ca. 10 Sekunden. Danach entspannt der Patient, und der Therapeut versucht durch Traktion am Gelenk die Gelenkflächen voneinander zu trennen und gleichzeitig die verkürzte Muskulatur vorsichtig zu dehnen. Die Dehnung selbst erfolgt über 10 – 30 Sekunden, in chronischen Fällen durchaus auch länger. In diesem Stadium ist der wichtigste Hinweis für den Therapeuten die Empfehlung, die Dehnung *schmerzfrei* durchzuführen. Dehnungsschmerzen sind ein Zeichen einer zu vehementen und forcierten Technik!

Nach jeder Phase wiederholt sich die anfängliche Prozedur mit Anspannen und Gegenhalten sowie anschließend wieder Traktion und Dehnen. Auf diese Art kann der Therapeut in kleinen Schritten eine Längenzunahme der verkürzten Muskeln erzielen.

Die besten Behandlungsergebnisse erzielt man, wenn das Procedere mehrmals täglich schonend durchgeführt wird. Hat man nur 2- bis 3mal in der Woche dafür Zeit, erfordern sie mehr Geduld und etwas mehr Kraftaufwand.

! Bei der Muskeldehnung spielt die Technik (Ausführung) die entscheidende Rolle

Die **Manuelle Therapie** wird deswegen oft synchron eingesetzt, weil in vielen Fällen, infolge der chronischen Muskelverkürzungen,

Gelenkfehlstellungen vorliegen. Eine Gelenkfehlstellung induziert das Auftreten von Gelenkblockierungen. Diese leiten durch nozizeptive Afferenzen Fehlinformationen an die gelenkführenden Muskeln weiter. Wenn man die Gelenkblockierung beseitigt, kann man auf diese Art und Weise häufig das Afferenz-/Efferenzgeschehen beeinflussen und schlagartig eine Veränderung der muskulären Antwort erhalten.

Die **medizinische Trainingstherapie**, also das Arbeiten an Fitneßgeräten, erzeugt bei Fibromyalgie-Patienten oft eine Schmerzverstärkung, weil in aller Regel das Trainieren mit zuviel Kraftaufwand erfolgt.

! Die Medizinische Trainingstherapie (MTT) darf bei Fibromyalgie-Patienten nur sehr vorsichtig dosiert eingesetzt werden

Schmerzen durch zu übermäßige Trainingstherapie intensivieren sich nach Studien von Mengshoel, so daß diese Therapie bei der Fibromyalgie nur mit äußerster Behutsamkeit eingesetzt werden soll. Die einzige Möglichkeit, eine Besserung zu erzielen, ist demnach eine extrem vorsichtige und mit Minimalgewichten aufzubauende Übungsbehandlung. Hierbei sollten im wesentlichen Bewegungsabläufe des täglichen Lebens imitiert und die Betreffenden kontinuierlich angeleitet werden, unter Beachtung der Schmerzgrenze die Bewegungen sehr vorsichtig und unter Wahrung der dynamischen Ausdauer durchzuführen.

Hinweise verschiedener Autoren, eine Trainingstherapie bei verkürzten Muskelstrukturen grundsätzlich in Frage zu stellen, bestätigt meine eigenen Erfahrungen bei allen Formen der muskulären Dysbalance. Generell werden in Fitneß-Studios immer nur die ohnehin schon verkürzten Muskelstrukturen trainiert und damit in vielen Fällen die Verkürzungen noch mehr intensiviert, anstatt eine gezielte Dehnung der entsprechenden Muskeln zu forcieren und die Antagonisten zu stimulieren.

7.3 Physikalische Maßnahmen

Bei allen muskelbedingten Schmerzzuständen ist, je nach akuter oder chronischer Verlaufsdauer, die Anwendung von Kälte oder Wärme indiziert. Ob im jeweiligen Fall eher eine Kälte- oder eine Wärmeanwendung toleriert und damit auch effektiv wird, muß gegebenenfalls einer probatorischen Behandlung vorbehalten bleiben.

7.3.1 Kälte

Bei Kälteapplikationen bewährt sich das Abreiben der verspannten und schmerzhaften Muskelpartien mit einem „Eislolly", wobei das Eis durchaus mit der nackten Haut in Verbindung kommen soll. Dabei sollte das Eis nicht punktuell auf der Haut belassen werden, sondern in kreisenden Bewegungen etwa 30 – 60 Sekunden auf den Hautpartien gerieben werden.

Kältesprays haben erfahrungsgemäß einen ähnlichen, allerdings nicht so intensiven Effekt. Kalte Umschläge oder Kaltmooranwendungen sind weniger schmerzlindernd, so daß sie nicht als generelle Empfehlung gelten sollen.

Bei der **Ganzkörperkältetherapie**, die in wenigen spezialisierten Rehabilitationszentren eingesetzt wird, konnte festgestellt werden, daß bei Fibromyalgie-Patienten ein deutlicher Schmerzrückgang erreicht wird. Die Ursache dieser therapeutischen Wirkung liegt vermutlich in einer Detonisierung der verspannten Muskulatur über eine Blockierung der Gammaneurone, außerdem in einer reflektorisch bedingten, verstärkten Durchblutung der tief gelegenen Hautschichten und der Muskulatur. Inwieweit der Serumspiegel des als Schmerzmediator wirkenden Serotonins bei der Kältetherapie eine Rolle spielt, ist noch nicht eindeutig geklärt. Bemerkenswert ist, daß Patienten, die eine lokale Kälteapplikation nicht tolerieren, die Ganzkörperkältetherapie dagegen als angenehm und schmerzerleichternd beschreiben.

7.3.2 Wärme

Jede Form der zugeführten Wärme von außen ist, insbesondere bei den chronischen Verlaufsformen, wohltuend und effektiv. Die einfachste Form der Wärmeanwendung ist die der Sonneneinstrahlung, die von vielen Patienten mit muskulären Spannungsschmerzen als angenehm beschrieben wird. Die Zufuhr von Wärme in Form von Bestrahlungswärme (Infrarotlicht o. ä.) wird ebenfalls als schmerzlindernd empfunden.

Wärmezufuhr von außen als Heißluft (Sauna) findet bei vielen muskulären Verspannungen ihre Berechtigung, insbesondere feuchte Wärme im Sinne eines römisch-irischen Schwitzbades, bei dem die Temperaturen bei maximaler Feuchtigkeit nicht über 45 – 50° hinausgehen. Patienten mit muskulären Beschwerden bestätigen, daß nach den Sauna-Anwendungen das anschließende Abkühlen im Tauchbecken eher zu erneuten Schmerzen führt. Allenfalls milde lauwarme Abkühlungen werden toleriert.

Anwendung von Wärme in Form von Peloiden, Fangopackungen, heißen Bädern, Heublumenpackungen, etc. werden ebenfalls erfolgreich eingesetzt.

7.3.3 Hyperthermie nach „von Ardenne"

Seit einigen Jahren steht ein neues Wärmetherapiegerät zur Verfügung, das im Institut von Ardenne in Dresden entwickelt wurde. Im Zuge der Entwicklung von Hyperthermie-Verfahren zur Krebstherapie wurde festgestellt, daß bei Anwendung von geringeren Wärmeintensitäten (moderate Hyperthermie) sehr positive Einflüsse auf die Muskulatur und auf Durchblutungsverhältnisse der Subkutis erzielt werden können. Das Prinzip dieser Therapieform besteht darin, daß Infrarotstrahler mittels einer speziell entwickelten Wasserfilterung eine Lichteinstrahlung auf den unbekleideten Körper abgeben, die auf Grund der gefilterten Wellenlänge die Haut passiert, ohne daß es dort zu einer Gegenregulation kommt. Die solchermaßen in die Subkutis eingebrachte Wärme wird dort von den gut durchbluteten Geweben direkt in die Kernregion des Körpers weitergeleitet. Man kann auf diese Art innerhalb von 20–30 Minuten eine Körperkerntemperaturerhöhung von ca. 2–3° erzielen. Die Intensität der gefilterten Lichteinstrahlung läßt sich dosieren, so daß man durch kontinuierliche Temperaturmessung des Patienten die gewünschte Endtemperatur quasi vorprogrammieren kann. Die Ergebnisse dieser Therapieform haben sich insbesondere bei der Behandlung von Fibromyalgie-Patienten in einer von mir geleiteten orthopädischen Rehabilitationsklinik als sehr eindrucksvoll erwiesen. Zwischenzeitlich haben andere Rehabilitationszentren, die sich intensiv mit der Therapie der Fibromyalgie auseinandersetzen, diese Behandlungsform übernommen.

7.3.4 Magnetfeldtherapie

Im Zuge der biomedizinischen Fortschritte der letzten Jahre hat die Anwendung von pulsierenden Magnetfeldern zum Teil erstaunliche Regenerations- bzw. Reparationsvorgänge verschiedener Organsysteme bewirken können. Derzeit wird durch Studien untersucht, inwieweit sich der Einsatz von pulsierenden Magnetfeldern positiv auf muskuläre Verspannungen auswirkt.

7.3.5 Hyperbare Sauerstofftherapie

Ein zweifellos ausgefallenes Therapieverfahren, die hyperbare Sauerstofftherapie in entsprechenden hyperbaren Kammern, wird derzeit auf die Effektivität hinsichtlich der muskulären Dysbalancen und der Fibromyalgie untersucht. Da es in Deutschland nur sehr wenige Einrichtungen mit solchen hyperbaren Kammern gibt, ist eine verbindliche Aussage über die Effektivität bisher noch verfrüht.

7.4 Elektrotherapie

Bei der Elektrotherapie kann man mit nieder-, mittel- und hochfrequenten Anwendungen lokale Wärmeerhöhungen erzielen, die bei den meisten Patienten als sehr angenehm und schmerzerleichternd empfunden werden.

Die **Ultraschallanwendung** zeigt insbesondere bei myofaszialen Beschwerden eine erstaunlich gute Effektivität. Die Anwendung von Ultraschalltherapie am Muskel- und Sehnenansatz (Tender points) wird von vielen Betroffenen als schmerzerleichternd beschrieben, von einigen allerdings mit Schmerzverstärkung beantwortet.

Der Einsatz von **TENS-Geräten** bewährt sich zwar in der Sporttraumatologie und bei chronisch-neuralgischen Schmerzen hervorragend. Bei chronifizierten Muskelverkürzungen, noch mehr bei der Fibromyalgie, findet die Anwendung keine entsprechende Akzeptanz. Wir haben deswegen bei Fibromyalgie-Patienten auf diese Therapieform in letzter Zeit gänzlich verzichtet.

7.5 Massage-Therapie

Jede Form der Massage ist dann als effektiv einzustufen, wenn sie vom Patienten nicht nur toleriert, sondern auch als wohltuend empfunden wird. Die Meinung mancher Therapeuten, daß eine Massageanwendung durchaus schmerzhaft sein dürfe, ist insbesondere bei der Behandlung von schmerzhaften chronifizierten Muskelerkrankungen ein unverzeihlicher Fehler.

Fibromyalgie-Patienten sind, ähnlich wie Patienten mit einer Muskeldysbalance, jeglicher Massageanwendung gegenüber sehr skeptisch eingestellt, da jede über eine Berührung hinausgehende Einwirkung auf das Gewebe als schmerzhaft empfunden wird. In solchen Fällen bewährt es sich, zunächst sogenannte Funktionsmassagen an der nicht direkt im Schmerzbereich liegenden Muskulatur durchzuführen.

Nach vorsichtiger Vorbereitung kann man über Quer- und Längsdehnungen dieser Muskeln schließlich auch den betroffenen verkürzten Muskelanteil entsprechend behandeln, immer aber unter dem Aspekt der Vermeidung von zusätzlichen Schmerzen.

Die **Vibrationsmassage** mit geeigneten Geräten oder manuell ist zur Entspannung von Muskelverkürzungen und hypertonen Bezirken ausgesprochen effektiv, erfordert aber einen sehr feindosierten Einsatz.

7.6 Akupunktur

Die **Akupunktur** hat sich als Sonderform der Behandlung von muskulären Verkürzungen und bei der Fibromyalgie als Zusatztherapie hervorragend bewährt, da sie nicht nur die Schmerzen reduziert, sondern auch Dysfunktionen beseitigen hilft. Nach meiner eigenen Erfahrung hat sich dabei die Körperakupunktur gegenüber der Ohrakupunktur als effektiver erwiesen.

7.7 Therapeutische Lokalanästhesie (TLA)

Seit vielen Jahren hat sich sowohl bei akuten als auch bei chronischen Schmerzzuständen, insbesondere der Skelettmuskulatur, eine besondere Behandlungsform durchgesetzt: die TLA. Hierbei werden Lokalanästhetika (Lidocain) in einer Dosierung von wenigen Millilitern in die Haut als Quaddeln, in die Muskulatur (Triggerpunkte), an Muskel-Sehnenansätze (Tender points) oder aber im Sinne einer Nervenblockade infiltriert. Für die meisten Fälle genügt es, keine weiteren Zusätze zu verwenden. Nur in besonderen Fällen und bei strenger Indikation sowie Beachtung der bekannten Kontraindikationen sind Beimengungen von kristallinen oder wasserlöslichen Kortikoiden angezeigt. Ich selbst verwende als Lokalanästhetikum ausschließlich Lidocain 1 %ig, da ich mit dieser Substanz die besten Erfahrungen sammeln konnte.

7.7.1 Quaddelbehandlung

Beim Quaddeln wird durch selektive Blockierung der Gammaschleife eine Schmerzreduzierung herbeigeführt. Die Quaddelpunkte findet man durch den Tastbefund. Schmerzhafte Hautpartien, etwa in Höhe der mittleren und unteren paravertebralen Lumbalzone entsprechen in ihrer Segmentzugehörigkeit dem thorakolumbalen Übergang. Schmerzhafte Hautareale über dem Kreuzdarmbeingelenk und dem Kreuzbein lassen sich segmental der unteren LWS zuordnen.

Bei der Quaddeltechnik verwendet man eine sehr feine, kurze Injektionsnadel, am besten mit einem Kaliber von 0,4 mm (Größe 20). Die Nadelspitze wird tangential in die Hautoberfläche gestochen. Es empfiehlt sich, eine kleinvolumige Injektionsspritze, z. B. Insulinspritze, zu verwenden, damit der Stempeldruck nicht unnötig schwer wird. Die Quaddelgröße der Hautareale soll dabei nicht größer als ein Hemdenknopf sein. Größere Quaddeln bringen keinen besseren Effekt und erzeugen nur unnötige Schmerzen. Es muß ohnehin betont werden, daß die Quaddeltherapie für viele Patienten eine kurzfristig schmerzhafte Behandlung darstellt und daher von einigen nur ungern oder gar nicht akzeptiert wird. Andererseits kann man auch erleben, daß trotz der bekannten Einstichschmerzen einige Patienten regelrecht quaddelsüchtig werden, da sie durch diese Behandlung eine sehr rasche anschließende Schmerzbefreiung erfahren haben.

Den Gebrauch einer Impfpistole habe ich wieder aufgegeben, da ich feststellen mußte, daß sich vielfach an der Injektionsstelle später irreversible Pigmentstörungen (schwarze Punkte) gebildet haben.

Die Quaddelbehandlung kann man 1- bis 2mal wöchentlich, bei Bedarf auch täglich wiederholen. Sie verbindet sich optimal mit einer zusätzlichen Infiltration tieferer Gewebeschichten bzw. Muskelansätze und Triggerpunktbehandlungen.

7.7.2 Infiltrationsbehandlung (Triggerpunkte, Tender points)

Wenn man einen Triggerpunkt aufgesucht hat (durch manuelle Palpation, gegebenenfalls auch durch Suchen mit dem Ultraschallgerät, wobei als Reizantwort eine Zuckung des Muskels an der Triggerpunktstelle erfolgt), so wird dieser mit 1 – 2 Millilitern Lokalanästhetikum (Nadelgröße 20) infiltriert. Trifft man den Triggerpunkt dabei genau, so wird während der Injektion eine fühlbare Kontraktion des Muskels auftreten. Danach verschwindet die Strangbildung, ebenso die vorher bestandene Ausstrahlungsschmerzhaftigkeit in das Referenzgebiet.

Es gibt mehrfache Untersuchungen, die zeigen, daß die **„Trockennadelung“** oder die Verwendung von physiologischer Kochsalzlösung statt eines Lokalanästhetikums einen ähnlichen Effekt auf den Triggerpunkt haben. Meine eigene Erfahrung läßt mich an der Verwendung von Lokalanästhetika allerdings festhalten.

Nach der Triggerpunktbehandlung durch Infiltration ist zur Sicherung des Therapieerfolges die Dehnung des behandelten Muskels erforderlich. Ob diese Dehnung durch den Arzt erfolgt, der die Technik beherrschen muß oder ob man sinnvollerweise die Infiltrationsbehandlung vor einer krankengymnastischen Therapie einsetzt, ist eine Frage des persönlichen Könnens oder der Organisation.

Prinzipiell ändert sich an der Injektionstechnik der Tender points gegenüber der Triggerpunktbehandlung nichts. Auch hier benutzt man am besten eine dünne Nadel (Größe 20) und verwendet zum Injizieren wiederum ein Lokalanästhetikum. Einige Autoren versprechen sich von einer Mischung aus Lokalanästhetikum und Kristallsuspension bessere und anhaltendere Erfolge. Ich selbst habe keinen therapeutischen Unterschied zwischen einer reinen Lidocain-Injektion und der einer Kortisonmischung feststellen können. Das Aufsuchen der richtigen Punkte ist relativ einfach, wenn man sich vom Palpationsschmerz leiten läßt. Wenn der maximale Schmerzpunkt in Knochennähe liegt, führe ich die Nadelspitze vorsichtig bis zum Periost vor (Nadelkontakt), setze hier ein kleines Depot und infiltriere anschließend fächerförmig den Sehnenansatzbereich, wobei ich die Nadel vorsichtig unter weiterem Infiltrieren zurückziehe. Normalerweise genügen 1 – 2 ccm pro Muskelansatzregion. Es erscheint mir wichtig, daß man bei Verkürzungsschmerzen nicht nur den Ursprung des Muskels, sondern auch seinen Ansatz infiltriert, also etwa beim M. levator scapulae den Schulterblattwinkel und den entsprechenden Sehnenbereich zwischen dem Querfortsatz von C1 und dem Okziput. Bei diffusen Muskelschmerzen kann man häufig erleben, daß nicht nur die Muskelursprünge und -ansätze, sondern auch Triggerpunkte gemeinsam einer Infiltrationsbehandlung bedürfen, die natürlich in gleicher Sitzung erfolgen kann. Einige Therapeuten verwenden eine Mischung eines kurz- und langwirksamen Lokalanästhetikums, z. B. Lidocain und Bupivacain, um den Effekt zu optimieren. Ich selbst verwende keine solchen Mischungen.

7.8 Muskelrelaxation durch Medikamente

Bei den Krankheitsbildern der muskulären Dysbalance und der Fibromyalgie steht der **Muskelschmerz** im Vordergrund der Beschwerden. Zusätzlich beklagen die Betroffenen eine nachlassende Leistungsfähigkeit, eine Antriebsschwäche, depressive Zustände und eine chronische Müdigkeit. Die Ursache des Muskelschmerzes ist offensichtlich die ständige Muskelverkürzung der tonischen Gruppen mit Irritation am Muskelansatz und -ursprung. Die therapeutische Zielsetzung muß also die medikamentöse Beeinflussung des Muskeltonus sein. Diese führt zu einer Entspannung und damit zu einer Schmerzlinderung. Wie bereits im Kapitel 3.2 (S. 11) ausführlich beschrieben, führt eine Erhöhung des Muskeltonus zur Hypoxie in bestimmten Arealen der Muskulatur.

Dadurch werden wiederum über die Erregung von lokalen Nozizeptoren Schmerzreize ausgelöst. Die darauffolgende schmerzreflektorische Tonuserhöhung der Muskulatur wurde bereits in der Schmerz-Spasmus-Schmerz-Hypothese erwähnt. Eine Verselbständigung der muskulären Störung ist häufig die Folge. Um solche Chronifizierungsvorgänge zu vermeiden, gilt es, schmerzhafte Impulse aus der Peripherie zu reduzieren und damit diesen Teufelskreis zu durchbrechen. Durch die Anwendung bestimmter **Natriumkanalblocker**, wie z. B. *Tolperison*, werden die Schmerzreize reduziert und damit auch der schmerzreflektorisch erhöhte Tonus der Muskulatur gesenkt.

Der Einsatz **zentraler Myotonolytika** beim akuten Muskelschmerz ist sehr umstritten. Grund für die Zurückhaltung ist die Vorstellung, daß in der Akutphase der Hypertonus der gelenkumgreifenden Muskeln einen Schutz des gestörten Gelenksystems bewirkt und daher nicht unbedingt sofort aufgehoben werden sollte. Bei Anwendung dieser Medikamente in einem späteren Krankheitsstadium ergibt sich zusätzlich häufig das Problem der zentralen Nebenwirkungen mit Beeinträchtigung der Vigilanz.

Bei der Fibromyalgie hat sich eine Kombinationsbehandlung von Natriumkanalblockern mit zentral wirksamen myotonolytisch wirksamen Antidepressiva, membranstabilisierenden Antieptileptika sowie mit einigen Neuroleptika bewährt.

Zur Senkung des schmerzreflektorisch erhöhten Muskeltonus bevorzuge ich *Tolperison* in einer Dosierung von 3 × 1 – 3 × 3, da hier keine Tagesmüdigkeit zu erwarten ist und die oben beschriebenen Natriumkanäle positiv beeinflußt werden.

Auf Grund der sedierenden Begleitwirkung können die Myotonolytika *Methocarbamol* und *Tizanidin* sehr gut abends eingesetzt werden, wenn die Nachtruhe durch die Muskelschmerzen gestört wird. In solchen Fällen kann man auch kurzfristig *Tetrazepam* zur Stützung und Einleitung des Schlafes verordnen. Bei letzterem Präparat ist zusätzlich die Suchtentwicklung zu beachten.

Bei den zentral wirksamen Medikamenten unterscheidet man die **Antidepressiva**, die mehr im protopathischen, dumpf empfundenen Muskelschmerzbereich wirken, die **Antiepileptika**, die mehr im Bereich der als scharf, schneidend und brennend beschriebenen Schmerzen wirken, die **Neuroleptika**, die auch eher bei protopathischen Schmerzen eingesetzt werden und die **Parkinsonmedikamente**, die sich positiv auf die extrapyramidalen, motorischen Störungen auswirken.

Eine sehr gute Wirkung hat *Fluoxetin* in einer Dosierung von 10–20 mg morgens in Kombination mit Tolperison, gegebenenfalls auch in

Kombination mit *Amitriptylin* 10 – 25 mg um 20.00 Uhr. *Fluoxetin* beeinflußt ausgesprochen positiv die Vigilanz und ist auf Grund des niedrigen Nebenwirkungsprofils bedenkenlos einsetzbar. Es muß immer wieder betont werden, daß Antidepressiva keine psychische Abhängigkeit bewirken!

Interessanterweise kann man durch die Gabe von *L-Tryptophan* als „precursor" oder „prodrug" häufig den Serotoninstoffwechsel günstig beeinflussen. Die Dosis beträgt 1 – 2 Tabletten à 500 mg am Abend. Dabei zeigt sich eine positive Wirkung auf Depressionen und Schlafverhalten.

Zur Down-Regulierung des als eher scharf empfundenen neuralgischen Schmerzes wird seit 10 – 20 Jahren *Carbamazepin* eingesetzt, das wegen der anfänglichen Sedierung langsam einschleichend bis auf 1200 mg pro Tag, möglichst in retard-Form, abgegeben werden kann. Wenn Carbamazepin keine ausreichende analgetische Wirkung zeigt, kann zusätzlich *Gabapentin* in einer Dosierung von 3 bis 4 × 300 mg eingesetzt werden. Dieses neue Antiepileptikum hat sowohl eine positive Wirkung auf die muskuläre Dysbalance im Sinne einer Dystonie als auch auf die neuralgischen Schmerzen. Häufig wird bei dieser Therapie von einem verbesserten Schlafverhalten berichtet.

Bei Therapieresistenz unter den bisher genannten Antieptileptika sind Kombinationen mit *Valproinsäure* bis 20 mg pro kg Körpergewicht möglich.

Neuroleptika, wie *Levomepromazin* sind stark sedierend und können neben einer analgesierenden Wirkung bereits in niedrigen Dosierungen von 10 – 35 mg zur Nacht eine deutliche Verbesserung des Schlafes bewirken.

Parkinsonmedikamente, wie *L-Dopa*, in einer Dosierung von 3 × 62,5 mg bis 3 × 125 mg haben eine positive Wirkung auf die Vigilanz, den Muskeltonus und das Gangbild.

L-Dopa und *Dopaminagonisten Pergolid, Ropinirol* und *Lisurid* haben einen günstigen Einfluß auf die sogenannte **restless-leg-Symptomatik**. Dieses häufig auftretende nächtliche oder in Ruhe betonte, unwillkürliche Bewegen der Beine, findet man besonders häufig bei Fibromyalgie-Patienten.

Bei den myotonolytisch wirksamen Antidepressiva steht die gleichzeitige **Verbesserung der Schlafqualität** und -struktur im Vordergrund. Hier haben sich niedrige abendliche Dosierungen von 10 – 25 mg *Amitriptylin* bewährt.

Neu entwickelte Antidepressiva haben zwar keine myotonolytische Wirkung, zeichnen sich aber durch einen guten Wirkmechanismus auf den Serotoninstoffwechsel aus.

Glutamatantagonisten, wie *Amantadinsulfat*, haben in einer Dosierung von 3 × 100 mg bzw. 2 × 150 mg eine ausgesprochen positive Wirkung auf **chronifizierte myofasziale Schmerzen**.*

Die Wirkungsweise der Kombination o. g. Präparate soll eine Veränderung der Schmerzverarbeitung im Sinne einer Schmerzdistanzierung und Entpersönlichung des Schmerzes bewirken. Die unlustbetonten Begleiteffekte der Schmerzempfindung werden abgeschwächt und somit das „quälende" Schmerzerlebnis aufgehoben (Linke). Die Psychopharmaka sind im übrigen imstande, den beschriebenen Circulus vitiosus: Schmerz – vegetative Erregbarkeit – psychische Reaktionsweise – Schmerz zu unterbrechen.

Der Einsatz von nichtsteroidalen Antirheumatika nimmt zwar bei vielen Kollegen bei der Behandlung der Fibromyalgie einen großen Platz ein, sollte aber nach meiner Erfahrung eher nur für die Fälle reserviert bleiben, bei denen eine tatsächliche Ansatztendinitis mit entsprechenden Entzündungszeichen besteht. Nicht zu vernachlässigen sind die bekannten Nebenwirkungen dieser Medikamentengruppe.

Klassische Analgetika, wie *Paracetamol* oder andere Substanzen, finden berechtigten Einsatz, haben aber gegenüber den oben beschriebenen Medikamenten keinen Einfluß auf die Muskelrelaxation.

Der Einsatz von Kortikoiden hat sich bei der Therapie der Fibromyalgie nicht bewährt.

7.9 Psychologische/psychotherapeutische Maßnahmen

In allen Fällen der chronischen Muskelschmerzen sollte man die Möglichkeit einer psychologischen Beratung und Behandlung rechtzeitig in Anspruch nehmen. Strategien wie **Körperselbsterfahrung**, **progressive Muskelrelaxation** (Jacobsen) und andere Therapieformen, die noch zu besprechen sind, müssen nicht unbedingt nur bei einem nahezu hoffnungslos erscheinenden Fibromyalgie-Patienten zur Anwendung kommen, sondern sind gerade in der Chronifizierungsphase besonders wirksam, da hier durchaus Restitutionen erwartet werden können.

Weitere Möglichkeiten bieten Verfahren der Selbstkontrolle (Feedback), Schmerzbewältigungstechniken, imaginative Verfahren, nichtimaginative Verfahren, Tanztherapie, Ergotherapie mit Betonung der

* Die genannten Therapieempfehlungen der Psychopharmaka wurden von F. T. Haneveld gegeben.

künstlerischen Komponente und des handwerklichen Tätigseins, autogenes Training, Streßbewältigung.

Fernöstliche Strategien, die dort auch als prophylaktische Maßnahmen angewendet werden, sind die aus der TMC abgeleitete Qi Gong und Tai-chi. Diese Therapieformen verbinden Dehnungstechniken, Gleichgewichtsübungen, Konzentrationsfähigkeit und Stabilisation in langsamen Bewegungsabläufen. Da bei diesen Techniken gleichermaßen Geist und Körper beeinflußt werden, spielen sie in der Behandlung der genannten muskulären Funktionsstörungen eine wichtige Rolle und erfreuen sich einer zunehmenden Akzeptanz.

7.10 Verbesserung der Schlafqualität

Jeder Orthopäde kennt die Schlafprobleme seiner Rückenschmerzpatienten. Die Schlafqualität wird mit zunehmender, nächtlich anhaltender Muskelverspannung schlechter. In einer Vielzahl von Veröffentlichungen über muskuläre Verspannungen und Fibromyalgie findet man immer wieder Hinweise auf die chronische Müdigkeit und das chronische Schlafdefizit. Leider zeigt man in kaum einer Monographie Empfehlungen zur Verbesserung der Schlafqualität auf.

In Deutschland wurde seit Jahrzehnten propagiert, daß die härteste Matratze auch die beste sei. Leider empfehlen auch heute noch viele Ärzte ihren Rückenpatienten, eine möglichst harte Unterlage zu wählen.

Die Industrie hat sich erst in den letzten Jahren langsam von dieser Vorstellung befreit, nachdem sie selbst jahrelang eine möglichst harte Unterlage propagierte.

Kenner der Kausalkette: Wirbelsäule – Fehlhaltung – Muskelverspannung – Schmerzen, wie etwa Brügger und McKenzie, haben schon vor Jahren beschrieben, daß die **physiologische Lordosierung der Lendenwirbelsäule** nicht nur im Stehen und Sitzen, sondern auch im Liegen die optimale Haltung darstellt. Je härter die Unterlage beim Schlafen ist (im Extremfall das Liegen auf dem Fußboden), um so eher werden die prominenten Körperpartien, z. B. das Kreuzbein und die Schulterregion, einer punktuellen Druckbelastung ausgesetzt. Gleichzeitig werden die physiologischen Krümmungen der Wirbelsäule (Brustkyphose, Lendenlordose) gestreckt. Ist die Schlafunterlage dagegen bis zu einem gewissen Grad nachgiebig, so garantiert dies eine weitgehend gleichmäßige Druckverteilung sämtlicher Körperpartien, Kyphose und Lordose bleiben erhalten. Nur so ist ein wirklich komfortables Liegen möglich. Der Komfort ist hier nicht mit Verweichlichung gleichzusetzen! Komfort bedeutet eine ungestörte Nachtruhe und „Erholung“ für alle Strukturen des Rückens, insbesondere für die verspannte Rückenmuskulatur.

Die harte Matratze ist eine Folter für den Rückenpatienten

7.10.1 Ursachen für unbequemes Liegen

Jeder Schlafende wechselt während der Nacht häufig seine zuerst eingenommene Schlafposition. Die Ursache dafür sind Druckreize auf die Nozizeptoren der Haut. Diese führen über eine geänderte Afferenz-Efferenz zu einem Umdrehen des Körpers, um die belastete Hautpartie nun zu entlasten. Bei ungestörtem Reflexmechanismus geschieht dies zu einem Zeitpunkt, wo der Schmerzreiz so niedrig ist, daß er noch nicht zum Bewußtsein vordringt und der Schlafende dabei nicht aufwacht. Somit ist erklärlich, daß ein bewegungsfähiger (motorisch nicht gestörter) Mensch in Abhängigkeit von der Unterlagenhärte – ohne aufzuwachen – sich während des Schlafes mehrfach, d. h. durchschnittlich 70mal pro Nacht, umdreht. Ist die Unterlage äußerst komfortabel und den Körperformen weitgehend angepaßt, werden nur wenige Lagewechsel vorgenommen, bei sehr harter Unterlage dagegen deutlich mehr. Die wegen Überschreitung der Schmerzschwelle bewußt wahrgenommenen Reize unterbrechen dabei den Schlaf. Bei Patienten mit chronischer Muskelverspannung, insbesondere bei Fibromyalgie-Patienten, ist bekanntermaßen die Schmerzschwelle erheblich erniedrigt. Alleine schon aus dieser Tatsache ist eine regelmäßige Schlafunterbrechung durch Lagewechsel infolge auftretender Schmerzreize erklärlich.

Das Phänomen der **chronischen Müdigkeit** durch Schlafunterbrechung bei Fibromyalgie-Patienten erscheint mir nicht so kompliziert zu sein, wie dies viele Untersucher in ihren Monographien darstellen. Wer als Gesunder jemals notgedrungen auf einem festen Boden schlafen mußte, kennt das Problem: Man kann zwar schlafen, aber wegen der auftretenden Druckschmerzen an den belasteten Körperpartien wird ständig die Schlafposition gewechselt. Am nächsten Morgen fühlt man sich „wie gerädert“. Ursache dafür ist das Fehlen eines Tiefschlafes. Diese gestörten Schlafepisoden wiederholen sich für den Fibromyalgie-Betroffenen Nacht für Nacht, so daß schließlich ein auffälliges **Schlafdefizit** resultiert, das ihn zwingt, tagsüber den verlorengegangenen Nachtschlaf nachzuholen. Eine chronische Müdigkeit und entsprechende psychische Veränderungen sind nach meinem Dafürhalten auf das oben beschriebene Phänomen zurückzuführen. Aus diesem Grund empfindet ein Betroffener mit diesen Beschwerden eine komfortable Unterlage, auf der er sich möglichst wenig umdrehen muß, als eine sehr große Erleichterung.

Die Forderung nach einer funktionsgerechten Matratze geht im übrigen heute, nach den neuesten Erkenntnissen, zusammengefaßt dahin, daß einerseits im Liegen der Rumpf so weich gepolstert aufliegen muß, daß er nicht einseitig punktuell belastet wird und andererseits kein „Hängematteneffekt“ entsteht.

Besondere visko-elastische Schaumstoffe ermöglichen es dem daraufliegenden Körper, langsam einzusinken und quasi eine Negativform herzustellen. Dadurch wird der Druck auf die jetzt erheblich vergrößerte Auflagefläche verteilt, eine Druckbelastung an gefährdeten Partien (Hüften und Schultern) vermieden. Dies ermöglicht es der verspannten Muskulatur, sich leichter zu entspannen.

Die optimale Druckverteilung, die für den Rumpf gilt, spielt für die richtige Bettung der Halswirbelsäule eine gleichermaßen wichtige Rolle. Die lordotische Krümmung der Halswirbelsäule benötigt in Rückenlage eine gute Abstützung, um die ständige Tonisierung der Nackenmuskeln zu verringern. Patienten mit Spannungskopfschmerzen, die auch nachts weiterbestehen oder sogar erst durch die ungünstige Schlafposition entstehen, sind für eine optimale Nackenunterstützung besonders dankbar. Wichtiger als ein Kopfkissen ist hier eine korrekte Nackenunterstützung. Die Verwendung von Bettfedern für ein Nackenkissen ist deshalb ungeeignet, weil durch dieses Füllmaterial kein genügender Abstützeffekt erzielt wird. Eine ausgewogene Konsistenz durch das richtige Füllmaterial bietet die besten Voraussetzungen für eine optimale Nackenstütze. Ob dies durch Schaumstoff- oder durch z. B. Hirsespreufüllungen realisiert wird, spielt letztlich keine entscheidende Rolle.

8 Das ärztliche Gespräch

Das ärztliche Gespräch, sowohl bei der ersten Kontaktaufnahme bei der Anamneseerhebung, noch wichtiger aber bei späteren Gelegenheiten, muß immer das Ziel haben, dem an chronischen Muskelschmerzen Erkrankten das Gefühl zu vermitteln, daß seine Schmerzen ernst genommen werden. Das **Ernstnehmen** beinhaltet eine akzeptierte Glaubwürdigkeit dessen, was der Patient vorgibt. Genau dies hat er vermutlich bei früheren Arztbesuchen oder bei Untersuchungen durch bisherige Therapeuten vermißt.

Je intensiver sich der Therapeut mit Muskelbeschwerden, insbesondere der Fibromyalgie, auseinandersetzt und sich mit dem Problem „Schmerz" beschäftigt, desto leichter wird es ihm fallen, sie dem Patienten „abzunehmen". Der Begriff, den Schmerz jemandem abzunehmen, bedeutet schon vom Wortverständnis her, daß man ihm glaubt und ihm wegnimmt.

Die ärztlichen Gespräche, ebenso die Untersuchungen, sollten nicht unter Zeitdruck geschehen. Natürlich wird es immer wieder vorkommen, daß man gerade in dem Augenblick von einem Fibromyalgie-Patienten um Rat oder Unterstützung gefragt wird, in dem man terminlichen Zwängen unterliegt. Es ist ratsam, das Gespräch oder die Untersuchung in einem solchen Fall auf einen passenden Zeitpunkt zu verschieben, um dann in Ruhe ausführlich mit dem Patienten zu sprechen oder ihn zu behandeln.

Das Gespräch ist zweifellos in der Psychiatrie und Psychologie ein wichtiges, wenn nicht das wichtigste Element der Diagnosefindung und letztlich auch der Therapie. Bei der Behandlung der psychosomatischen bzw. somatopsychischen Beschwerdebilder, wie etwa der Fibromyalgie oder anderen Muskelschmerzbildern, hat sich gezeigt, daß das ärztliche Gespräch sich sehr gut mit einer Untersuchung der betroffenen Muskel- oder Schmerzregion kombinieren läßt.

Das ärztliche Gespräch muß nicht ausschließlich durch einen neurologisch oder psychiatrisch versierten Kollegen geführt werden. Orthopäden, Hausärzte und Assistenten in Kliniken sind primär Gesprächspartner der Patienten, auch wenn sie nur selten psychologisch ausgebildet sind. Grundsätzliche Eigenschaften, wie Einfühlungsvermögen, Wärme, Geduld, Zeit und Verständnis für die Auswirkung der

Schmerzprobleme sind Voraussetzungen, die alle Ärzte mitbringen sollten. Dazu gehört auch, Zusammenhänge mit der familiären, beruflichen und sozialen Situation zu verstehen, in die Problematik einzubeziehen und praktikable Lösungsvorschläge anzubieten. Das „Hineinhorchen“ in den Patienten, Erfassen seiner Umgebungssituation und das Deuten besonderer Formulierungen des klagenden Patienten, sind wichtige Eckpfeiler des Kommunizierens und von jedem erlernbar.

9 Das Teamgespräch

Das ärztliche Gespräch hat zwar als Kommunikation zwischen Patient und Arzt eine gewisse Priorität beim Austausch von Informationen, ist aber nicht die einzige Möglichkeit, eine therapeutische Basis herzustellen. Jedes gut eingespielte klinische Team wird erkannt haben, daß das **Teamgespräch** eine unverzichtbare Informationsquelle darstellt. An solchen Gesprächen sollten alle an der Therapie beteiligten Personen teilnehmen, also der betreuende Arzt, die Physiotherapeuten, die Ergotherapeuten, der Pflegedienst und der Psychologe. Die in regelmäßigen Abständen durchgeführten Teamgespräche über Zielsetzung, Erfolge oder auch Mißerfolge bei der Behandlung werden diskutiert und ggf. eine neue Strategie festgelegt.

10 Ambulante und stationäre Behandlung

Naturgemäß wird jeder Therapeut seine Patienten zunächst **ambulant** behandeln. Dies ist durchaus vernünftig und auch realitätsnah. Die Budgetierung der physikalischen Leistungen ist allerdings für jeden Therapeuten ein erheblich demotivierender Faktor, effiziente, d. h. ausreichend häufige Behandlungsmaßnahmen einzuleiten. Die ambulante Rehabilitation wird möglicherweise eine Chance sein, Fibromyalgie-Patienten einer entsprechenden wohnortnahen nichtstationären Behandlung zuzuführen. Daß die Therapeuten in solchen Behandlungszentren spezifisch geschult und über das Krankheitsbild ausführlich unterrichtet sein sollten, ist eigentlich selbstverständlich, aber leider nicht immer der Fall. Erst allmählich wird durch immer zahlreichere Veröffentlichungen das unklare Krankheitsbild der Fibromyalgie durchschaubarer. Derzeit gibt es nur wenige Kenner der Materie, die der ambulanten Fibromyalgie-Therapie eine Chance einräumen. Ich selbst bin nicht ganz so skeptisch und vertrete die Meinung, daß es immer noch besser ist, eine Therapie mit zweifelhafter Prognose anzubieten als gar keine.

Alternativ zur ambulanten Behandlung steht die Zuweisung in eine **stationäre Rehabilitationseinrichtung**. Ehrlicherweise muß man zugeben, daß es in Deutschland bis jetzt nur wenige Therapieeinrichtungen gibt, die genügend Erfahrung mit der Behandlung der Fibromyalgie besitzen. Dies wird sich zweifellos in den nächsten Jahren verbessern, da immer häufiger Kongreßveranstaltungen und Expertengespräche zu diesem Thema abgehalten werden.

Der Vorteil einer stationären Behandlung liegt darin, daß der behandelnde Klinikarzt den regelmäßigen persönlichen Kontakt zum Patienten herstellen und eine Interaktion zwischen den einzelnen Therapeuten aufbauen kann und damit eine **interdisziplinäre Behandlung** ermöglicht. Der Einfluß des Alltags, des Berufes und der Familie wird, im Gegensatz zur ambulanten Behandlung, eliminiert, was bei der Bewältigung der Erkrankung sicherlich eine wichtige Forderung darstellt.

Wenn beim jetzigen Stand der Kenntnisse die deutsche Ärzteschaft über die Bedeutung und die Notwendigkeit der Behandlung der Muskelfunktionsstörungen noch ungenügend informiert ist, wundert es kaum, daß die Entscheidungsträger bei den Rentenversicherungen derzeit noch eine äußerst restriktive Haltung bei der Genehmigung von stationären Heilverfahren zeigen. Eine nur dreiwöchige Rehabilitationszeit ist zum Erreichen eines Therapieerfolges völlig unzureichend.

Eine stationäre Behandlung erfolgt entweder durch die Zuweisung in eine Akutklinik, die eine entsprechende orthopädisch-rheumatologische Einrichtung besitzt und sich auf die Behandlung solcher Muskelerkrankungen spezialisiert hat oder durch Einweisung in eine orthopädisch-rheumatologische Rehabilitationseinrichtung, die entsprechende Erfahrung besitzt. Vor und nach einer stationären Rehabilitation ist eine ambulante Behandlung in meinen Augen unabdingbar, um vorbereitend oder in der Nachsorge das sehr langwierige Krankheitsbild entscheidend beeinflussen zu können.

Grundlage einer ambulanten/stationären Therapie sollte sein, eine möglichst **tägliche Behandlung** zu gewährleisten. Die Patienten sollten einer sehr individuell dosierten körperlichen Belastung zugeführt werden. Wenn ich die **moderate Therapie** besonders heraushebe, so deshalb, weil jede übermäßige Aktivität sofort wieder den Schmerzzyklus in Gang bringt und damit von vornherein die Motivationsbereitschaft zur weiteren Aktivität erstickt. Das Auffinden und Bestimmen der Belastungs- bzw. Aktivitätsgrenze ist sowohl für den Therapeuten als auch für den Betroffenen schon deswegen nicht einfach, weil das Belastungslimit von Patient zu Patient unterschiedlich ist und bei ein und demselben Patienten auch täglich schwanken kann.

Bei der **medizinischen Trainingstherapie** müssen die Therapeuten darauf bedacht sein, die Gewichte extrem klein zu halten und Wert auf häufige Repetitionen zu legen. Weiterhin muß bei den Übungen darauf geachtet werden, die verkürzten Strukturen zu dehnen, anstatt sie durch zusätzliche Aktivität zu verkürzen.

Neben den bewährten Geräten einer medizinischen Trainingstherapie sind geführte Wanderungen, als Steigerung mit 20minütiger kontrollierter Einheit des „walking“ (Schnellgehen), ebenso ein mildes Laufbandtraining unter sporttherapeutischer Anleitung angezeigt.

Während der stationären Behandlung kann wieder der Weg zur sportlichen Aktivität gefunden werden, etwa durch Teilnahme am Bogenschießen (was neben den stabilisierenden und aufrichtenden Komponenten für die Wirbelsäule auch einen positiven psychologischen Effekt hat), außerdem auch Radfahren und Trampolinspringen.

Die Tatsache, daß sich in einer Rehabilitationseinrichtung häufig „Leidensgenossen“ treffen, die untereinander über ihre Probleme sprechen und hierbei Gemeinsames finden, führt bereits zur „Keimzelle“

einer Art Interessengemeinschaft. Aus diesen bilden sich oft spontan oder unter besonderer Aktivität einiger Mitglieder **Selbsthilfegruppen**.

11 Gutachterliche Probleme und sozialmedizinische Konsequenzen

Bereits in einem früheren Kapitel habe ich dargelegt, daß ein Großteil der Ärzteschaft in Deutschland noch Schwierigkeiten hat, die Bedeutung der muskulären Funktionsstörungen auf die körperliche Leistungsfähigkeit einzuschätzen. Dies schlägt sich auch in der gutachterlichen Tätigkeit nieder, wenn etwa die Leistungsfähigkeit nach dem Schwerbehindertengesetz eingestuft werden soll.

Das Bundesministerium für Arbeit und Sozialordnung hat „Anhaltspunkte" für die ärztliche Begutachtung Behinderter nach dem Schwerbehindertengesetz erarbeitet, die nach dem aktuellen Kenntnisstand der Wissenschaft Erfahrungssätze bei Störungen, Schäden oder Funktionseinschränkungen bestimmter Organsysteme berücksichtigen und dem Gutachter Hilfestellungen anbieten, in welcher Höhe eine **Minderung der Erwerbsfähigkeit** (MdE) bzw. ein **Grad der Behinderung** (GdB) angesetzt werden kann.

Bei der Beurteilung der MdE bzw. des GdB für erworbene Schäden am Stütz- und Bewegungsapparat wird die Funktionseinbuße, d. h. die Bewegungsbehinderung und die Belastbarkeit und schließlich deren Auswirkung auf andere Organsysteme die gutachterliche Einschätzung bestimmen. Ausdrücklich wird in den „Anhaltspunkten" festgehalten, daß auch Begleiterscheinungen wie Schmerzen und Reizerscheinungen zu berücksichtigen sind, wobei gerade bei der Beurteilung von Schmerzen dem Gutachter unterstellt wird, daß er zu differenzieren vermag, ob die Schmerzangaben als glaubhaft oder unglaubhaft angesehen werden können.

Es ist ärztliches Erfahrungsgut eines Gutachters, daß er schmerzhafte Bewegungseinschränkungen der Gelenke möglicherweise als schwerwiegender einstuft als Gelenkversteifungen.

In den „Anhaltspunkten" wird definiert, daß röntgenologische Veränderungen degenerativer Art alleine nicht unbedingt die Annahme einer MdE bzw. eines GdB rechtfertigen. Logischerweise muß umgekehrt der Schluß erlaubt sein, daß bei Fehlen von radiologischen Veränderungen deshalb nicht zwangsläufig auch von einem Fehlen einer Funktionsstörung ausgegangen werden darf.

Bei der Aufführung der entsprechenden Funktionsstörungen (Muskelkrankheiten, Gelenkschäden etc.) ist erst in der letzten Ausgabe der

„Anhaltspunkte“ des Jahres 1996 ein kleiner Vermerk über die Fibromyalgie enthalten, in welchem fälschlicherweise das „sogenannte Fibromyalgiesyndrom“ als angeborene Störung der Bindegewebsentwicklung definiert ist. Es wird in diesem Passus empfohlen, bei der Beurteilung Art und Ausmaß der jeweiligen Organbeteiligung sowie deren Auswirkungen auf den Allgemeinzustand zu berücksichtigen. Nähere Definitionen der Fibromyalgie stehen dem Gutachter bei der Lektüre der „Anhaltspunkte“ leider nicht zur Verfügung.

Der Gutachter kann bei der Einschätzung einer Minderung der Erwerbsfähigkeit die Schwere der Funktionsstörung nur „schätzen“ und mit bereits definierten Gesundheitsstörungen bzw. Funktionsstörungen vergleichen, bei denen eine verbindliche MdE-Höhe bzw. GdB-Höhe zugrunde gelegt wurde. Daß hierbei erhebliche Schwankungen der Einschätzungen einer Funktionsstörung innerhalb unterschiedlicher Gutachten auftreten können, liegt in der Natur der Sache: Ein ausschließlich mechanisch denkender Untersucher wird zweifellos beim Vorliegen einer generalisierten Fibromyalgie mit ausreichend guter Gelenkbeweglichkeit eine wesentlich niedrigere Gesamt-MdE bzw. Gesamt-GdB einschätzen als ein Gutachter, der die mit der Erkrankung in Zusammenhang stehenden Schmerzen, Schlaflosigkeit und Beeinträchtigung der allgemeinen Leistungsfähigkeit berücksichtigt.

! Eine muskuläre Funktionsstörung kann gutachterlich praktisch nicht gemessen werden, die „Einschätzung“ beinhaltet somit ein „Einschätzen"

Zur Zeit sind die im Versorgungswesen tätigen Kollegen noch äußerst zurückhaltend, wenn es darum geht, Funktionsstörungen im Sinne einer generalisierten Fibromyalgie adäquat zu bewerten und prozentual einzuschätzen. Ein Umdenken der begutachtenden Ärzte bei der Einstufung der Behinderung wird zweifellos in den nächsten Monaten und Jahren erforderlich werden.

Inzwischen wurde eine Reihe von Sozialgerichtsprozessen geführt, in welchen zunehmend die Bedeutung der Schwere der Funktionsstörung bestätigt und vielfach den Klagen zur Anerkennung einer Erwerbsunfähigkeit stattgegeben wurde.

Müller, der sich ebenfalls, wie ich, sehr intensiv mit den Begutachtungsfragen der Fibromyalgie auseinandersetzt, weist auf die erheblichen Schwierigkeiten dabei hin. Dies trifft auch auf Zusammenhangsfragen zwischen Trauma und Fibromyalgie zu: Ein Trauma kann unter bestimmten Umständen als Auslösemechanismus einer Fibromyalgie angesehen werden, wenn deren Krankheitssymptome sofort im Anschluß an das Trauma auftreten. Ursache für das Entstehen der Fibromyalgie durch traumatische Schädigungen sind u. U. emotionaler Streß durch den Unfall, Schlafstörungen und eine mangelhaft durchgeführte Analgesie. Häufig tritt nach Traumen jedoch nicht sofort das Vollbild der Fibromyalgie auf, sondern entwickelt sich über schmerzhafte Lokalsymptome und wird erst im Laufe von Monaten voll ausgeprägt sein.

Müller betont, daß das wichtigste, aber auch das am schwierigsten zu beurteilende Kriterium bei der Objektivierung der Fibromyalgie und der Begutachtung der **generalisierte Schmerz** ist. Hier kann ggf. der Nachweis von biochemischen Veränderungen im Blut herangezogen werden, wobei offensichtlich der Serotonin- und Kalzitoninspiegel im Blut bei Schmerzpatienten höher ist als bei gesunden Personen. Müller räumt allerdings ein, daß die angesprochenen Laborveränderungen auch bei Patienten mit chronischen Kreuzschmerzen und bei Patienten mit Depressionen zu finden sind. Auch die Erhöhung des Liquorspiegels der Substanz P scheint eine Rolle bei chronischen Schmerzkrankheiten zu spielen, genauere Untersuchungen über die Spezifität stehen allerdings noch aus. Außerdem sind solche Untersuchungen zum Zwecke der Begutachtung kaum durchführbar, da hierbei immer eine Lumbalpunktion durchgeführt werden muß. Müller empfiehlt zur Erfassung des subjektiven Schmerzerlebens standardisierte Meßskalen. Bei der Beurteilung psychopathologischer Veränderungen, die ja für die Leistungseinschätzung besonders wichtig sind, empfiehlt er klinisch-psychologische sowie Persönlichkeitstests, durch die der Grad der Depressivität sowie die Beteiligung aktiver Faktoren, wie Unruhe und Angst, beurteilt werden können. Zur Durchführung von Persönlichkeitstests kann ein Psychiater in die Begutachtung miteinbezogen werden. Das Fehlen von psychopathologischen Veränderungen darf aber nicht als einziges Kriterium für die Ablehnung einer Berentung wegen verminderter Erwerbsfähigkeit sein.

Bei der Begutachtung nach dem Schwerbehindertengesetz wird von Amts wegen ein GdB mit 20 v. H. empfohlen. Er reicht nach Meinung der meisten Gutachter in aller Regel nicht aus, um dem Leistungsbild der Fibromyalgie-Patienten gerecht zu werden.

Zusammenfassend kommt man zu dem Ergebnis, daß in Anbetracht der Schwierigkeit der Beurteilung, Gutachten nur von kompetenten, psychosomatisch geschulten und in der Fibromyalgie-Diagnostik ausgebildeten Ärzten erstattet werden sollen. Die Einbeziehung eines Psychiaters ist empfehlenswert, auch wenn das Krankheitsbild der

Fibromyalgie nicht ausdrücklich als psychiatrische Erkrankung aufzufassen ist.

12 Schlußbemerkung (Einsichten und Aussichten)

Bei der Abhandlung der Schmerzbilder, die durch Muskelverkürzungen verursacht werden, habe ich bewußt die chronifizierten muskulären Dysbalancen und die Fibromyalgie häufig gemeinsam angesprochen. Betrachtet man die Hinweise in der Literatur über Unterscheidungsmerkmale der einzelnen Formen der Fibromyalgie unter dem Gesichtspunkt der primären und sekundären Bilder, findet man bei kritischem Studium der veröffentlichten Einteilungsversuche nicht unerhebliche Widersprüche. Müller, zweifellos der beste Kenner der Fibromyalgie im deutschsprachigen Raum, ist sich zwar mit allen Untersuchern im Hinblick auf die Diagnose einig, Zweifel bestehen indes über die faßbaren oder nichtfaßbaren Ursachen der Erkrankung. Wenn keine eindeutigen Ursachen vorliegen, wird eine Erkrankung häufig als idiopathisch eingestuft.

Die Entwicklung einer muskulären Dysbalance mit ihrer Tendenz zur Eskalation habe ich zu Beginn des Buches ausführlich dargestellt. Ähnlichkeiten mit der Ausbildung der generalisierten Fibromyalgie bestehen nach meiner Vorstellung durchaus, werden im übrigen auch von Müller beschrieben, der immer wieder betont, daß ein fokales Geschehen einer generalisierten Eskalation vorausgegangen sein muß.

Bei der Entstehung der Fibromyalgie zeigt sich, daß aus bisher nicht exakt nachvollziehbaren Gründen eine nicht spontan behebbare Funktionsstörung der Muskulatur eintritt. Vielmehr geht sie in eine zunehmende Störung anderer Muskelgruppen über. Genau dies scheint ein wesentlicher Punkt bei der Entwicklung der Fibromyalgie zu sein. Ursache für die „Eskalation" ist nicht das Substrat eines „Efferenzergebnisses", also die Muskulatur, sondern nach meiner Meinung das gestörte Afferenz-Efferenz-System durch den chronifizierten Schmerz („Schmerzgedächtnis").

Wenn in manchen Veröffentlichungen Gelenkfehlstellungen, Fehlformen der Wirbelsäule und andere pathologische Zustände des Bewegungs- und Haltungssystems als Ursache für die Fibromyalgie-Erkrankung angesehen werden, so sind diese Faktoren sicherlich nur Grundbedingungen, die erst bei Einwirken anderer Zusatzfaktoren die Ausbildung der Fibromyalgie ermöglichen. Eine Wirbelsäulenfehlhaltung oder eine Gelenkfehlstellung ist nicht immer nur Ursache, sondern oft die Folge einer fehlerhaft funktionierenden gelenkführenden Muskulatur!

Man kann sich des Eindrucks nicht erwehren, daß viele Autoren sich über Ursache und Wirkung der Entstehungsfaktoren nicht einig sind, insbesondere wenn angenommen wird, daß zuerst die Gelenkfehlstellung und dann die Funktionsstörung der umgebenden Muskulatur das Krankheitsbild der Fibromyalgie herbeiführt. Umgekehrt ist es aber auch denkbar, daß eine Gelenkfehlstellung immer das Resultat einer fehlenden Synergie der umgebenden gelenkführenden Muskeln ist, und zwar durch einseitige Verkürzung bestimmter Gruppen oder durch Einflüsse anderer Weichteilstrukturen, wie etwa Haut, Bindegewebe und Kapseln. Störungen der Innervation („gestörte Efferenzen") scheinen mir obligate Bedingungen zu sein.

Das Gelenk als eigenständiger Ursachenfaktor für die Fibromyalgie ist somit nur in Ausnahmefällen in Betracht zu ziehen, etwa bei Entzündungen, Knorpelschäden, Frakturfolgen oder angeborenen Deformitäten. Diese exakt definierbaren und diagnostizierbaren Ursachen sind aber bei der generalisierten Fibromyalgie eher die Ausnahme. Das gestörte Efferenzsystem spielt aber hier die ausschlaggebende Rolle.

Meine Hypothese über die Entwicklung der Fibromyalgie aus dem Anfangsstadium der muskulären Dysbalancen deckt sich im wesentlichen mit Angaben von Müller. Bei Beobachtungen vieler Frühphasen der Fibromyalgie, die sich in der täglichen orthopädischen Praxis darstellen, kommt man zu folgender Überlegung: Grundvoraussetzungen für die Entwicklung der Fibromyalgie sind oft banale Funktionsstörungen im arthromuskulären System. Diese Funktionsstörungen wirken als „Initialzünder". Psychosomatische oder somatopsychische Einflüsse müssen hinzukommen, um eine spontane Remission zu verhindern. Persönlichkeitsmerkmale, prädisponierende Faktoren, eine prämorbide Gesamtkonstellation oder nur ein unglückliches Zusammentreffen von mehreren Negativfaktoren spielen dabei eine wichtige Rolle. Ob im Einzelfall nur eine der genannten Bedingungen oder mehrere zusammenwirken, läßt sich oft nur schwer rekonstruieren. Daß sogenannte „persönlichkeitsbeeinflussende Tatbestände" ebenfalls eine Rolle spielen, ist inzwischen von den meisten Untersuchern bestätigt worden. Die Vorstellung einiger Autoren, daß zur Entwicklung einer Fibromyalgie eine neurotische Haltung des Patienten Vorbedingung sein muß, halte ich für nicht generell zutreffend, viel entscheidender ist die Bedeutung der Schmerzkaskade.

Wenn von einigen Autoren streng zwischen einer primären und einer sekundären Fibromyalgie unterschieden wird, so kann ich mich mit dieser Unterteilung nur bedingt anfreunden: Die primären Fibromyalgien entwickeln sich in der Regel zunächst als monolokuläres Schmerzgeschehen, so wie ich es als Eskalationsspirale aus der muskulären Dysbalance beschrieben habe. Im Gegensatz dazu werden die Ursachen der sekundären Fibromyalgie in somatischen Erkrankungen sowie entzündlich-rheumatischen und anderen Prozessen gesehen. Die bei der sekundären Fibromyalgie zusätzliche Differenzierung in psychogene und somatogene Formen erscheint nur dahingehend praktikabel, als sich dadurch eine zielgerichtete Therapie ergibt. Bei der primären Fibromyalgie wäre es eigentlich zutreffender, von einer idiopathischen Form zu sprechen, wobei damit besser zum Ausdruck käme, daß die Ätiologie bzw. die Genese nicht völlig durchschaubar ist.

Ich persönlich glaube, daß es tatsächlich nur eine Form einer Fibromyalgie gibt, wobei die eingangs des Buches erwähnte Feststellung „Syndrom" beinhaltet, daß nicht nur die Auswirkungen sondern auch der Entstehungsmechanismus viele Facetten haben. Wenn in einigen Fällen die Ursachenkette zur Entwicklung der Fibromyalgie im unklaren liegt, so kann man dieses Phänomen durchaus mit dem „missing link" aus der Kriminologie vergleichen: Ein einziger, aber entscheidender Faktor wurde übersehen oder konnte nicht eruiert werden. Im Einzelfall mag dieser Faktor psychischer oder somatischer Natur gewesen sein. Würde man das fehlende Glied der Kette kennen, würde man nicht mehr von der primären, sondern von der sekundären Form sprechen.

Mein Anliegen in diesem Buch war es, den praktisch tätigen Kollegen aus der Vielzahl der sich zum Teil widersprechenden Angaben in der Literatur die Entwicklung dieser häufig vorkommenden Funktionsstörung aufzuzeigen. Das Buch soll ihnen als Manual dienen, in dem sie auch einige praktische Hinweise finden, wie die Diagnostik und die Therapie durchzuführen sind. Gleichzeitig habe ich das Ziel verfolgt, die unterschiedlichen gebräuchlichen Nomenklaturen, die die Beschwerdebilder kennzeichnen, herauszuarbeiten.

Die wichtigste Voraussetzung zur Erkennung und Behandlung der dargestellten Funktionsstörungen der Muskulatur ist nach meinem Dafürhalten eine ausreichend gute Palpationstechnik, Geduld und Einfühlungsvermögen sowie die Bereitschaft, kooperativ mit anderen Berufsgruppen gemeinsam das Krankheitsgeschehen zu bewältigen.

Der Arzt in der oft falsch verstandenen Rolle des alleinigen Beherrschers einer Krankheit wird in Fällen wie der Fibromyalgie oder der muskulären Dysbalance zweifellos dann scheitern, wenn er nicht verstanden hat, daß er zwar bei der Behandlung eine entscheidende, aber sicher nicht die einzige therapeutische „Institution" darstellt.

13 Übungsteil zur Selbstdehnung

Die im folgenden Teil dargestellten Dehnungstechniken beziehen sich auf die besonders betroffenen verkürzten Muskeln. Die Übungen gehen auf die Empfehlung von Prof. O. Evjenth, Norwegen, und Dr. J. Hamberg, Schweden, zurück.

Um eine effiziente Autodehnung (Selbstdehnung) zu erzielen, ist die korrekte Ausführung besonders wichtig. Es hat sich bei der Durchführung der Selbstdehnungstechniken bewährt, daß zunächst alle Übungen unter Anleitung und Korrektur eines Physiotherapeuten erfolgen. Je nach Körpergefühl reichen in der Regel 2–4malige Anleitungen durch den Therapeuten aus, um danach selbständig die Übungen korrekt ausführen zu können.

Folgende Punkte sollen bei allen Dehnungen besonders beachtet werden:

- Die Auswahl der Hilfsmittel muß den häuslichen Gegebenheiten angepaßt werden: Ein Stuhl, ein Tisch und ein Türrahmen sowie ein Stück Seil sind in jedem Haushalt vorhanden.
- Die korrekte Ausgangs- und Endstellung sollen beachtet werden.
- Bei der Durchführung der Dehnübungen darf es nur ein wenig ziehen, ein richtiger Schmerz soll dabei unbedingt vermieden werden.
- Die Dehnungsphase eines verkürzten Muskels erfolgt erst nach einer statischen Muskelkontraktion gegen Widerstand. Erst in der Entspannungsphase (Refraktärperiode) kann effektiv gedehnt werden.
- Lieber häufiger schonend dehnen, als unter Zeitdruck möglichst viel erreichen wollen!

Die dargestellten Abbildungen zeigen aus didaktischen Gründen jeweils die **rechtsseitigen** Muskelgruppen, die zu dehnen sind.

Auch wenn der Patient die korrekte Durchführung der Dehnungsbehandlung verstanden hat, ist es sinnvoll, hin und wieder die Übungen durch einen Physiotherapeuten kontrollieren zu lassen. Nicht selten schleichen sich Fehler ein, die schließlich das ganze Procedere ineffektiv werden lassen.

Dehnung rechts

Verkürzte Muskulatur

Oberer Teil des Kappenmuskels
(M. trapezius, pars descendens)
Vorderer und mittlerer Rippenhalter
(M. scalenus anterior und medius)
Brust-Schlüsselbeinmuskel
(M. sternocleidomastoideus)

Ausgangsstellung

In aufrechter Körperposition auf dem Hocker sitzen. Kopf etwas nach rechts drehen und leicht nach vorn neigen. Seitneigen des Kopfes gleichzeitig nach links. Die linke Hand greift über den Kopf an die rechte Schläfe. Die rechte Hand umfaßt hinter dem rechten Gesäß die Hockerfläche.

Ausführung

1. Den gesamten Oberkörper nach links beugen, so daß die rechte Schulter durch das Festhalten am Hocker nach unten gezogen wird. Dabei werden die rechtsseitigen Schulternackenmuskeln gedehnt.
2. Der Griff wird beibehalten und die Muskeln so angespannt, als wolle man die rechte Schulter nach oben ziehen, 5 – 10 Sekunden halten.
3. Entspannen und jetzt den Oberkörper noch ein wenig weiter nach links bewegen.
4. Übung so oft wiederholen, bis eine weitere Dehnung nicht mehr möglich ist. Die letzte Position 15 – 60 Sekunden halten.

Stimulierung der Antagonisten

Die Kopfstellung wird beibehalten, aber die rechte Hand läßt jetzt die Hockerkante los. Die linke Hand drückt nun an die linke Schläfe, der Kopf wird gegen die linke Hand angepreßt.

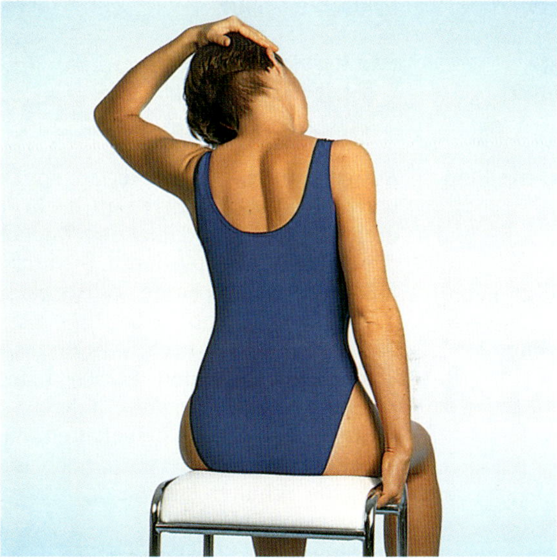

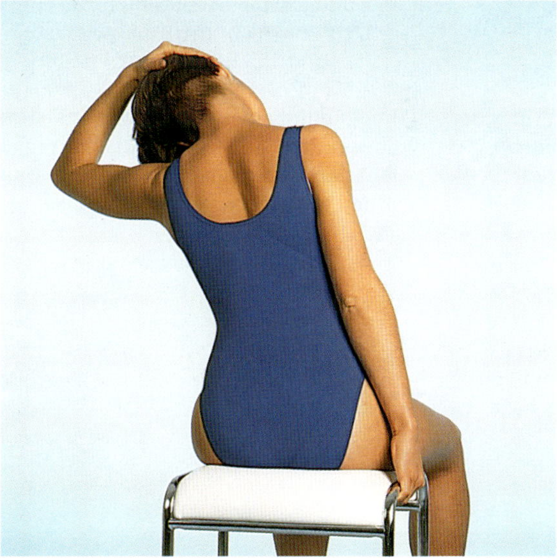

Dehnung rechts

Verkürzte Muskulatur

Schulterblattheber (M. levator scapulae)

Ausgangsstellung

Aufrecht auf einem Hocker sitzen. Der Kopf wird nach vorn geneigt und nach links gedreht. Die linke Hand über dem Kopf oberhalb des rechten Ohres plazieren. Die rechte Hand faßt an die hintere Kante des Hockers.

Ausführung

1. Den Oberkörper nach links und vorn beugen, bis man den Schulterblattmuskel rechts spürt.
2. Stellung und Griff beibehalten, dann den Schulterblattmuskel anspannen, indem die rechte Schulter hochgezogen wird, 5–10 Sekunden halten.
3. Entspannen und danach den Oberkörper noch ein wenig nach links und vorn beugen.
4. Übung so oft wiederholen, bis eine weitere Dehnung nicht mehr möglich ist. Die letzte Position 15–60 Sekunden halten.

Stimulierung der Antagonisten

Kopfstellung beibehalten, die linke Hand wird aber an die Stirn gedrückt, die rechte Hand läßt den Hocker los und wird nach hinten und unten geschoben.

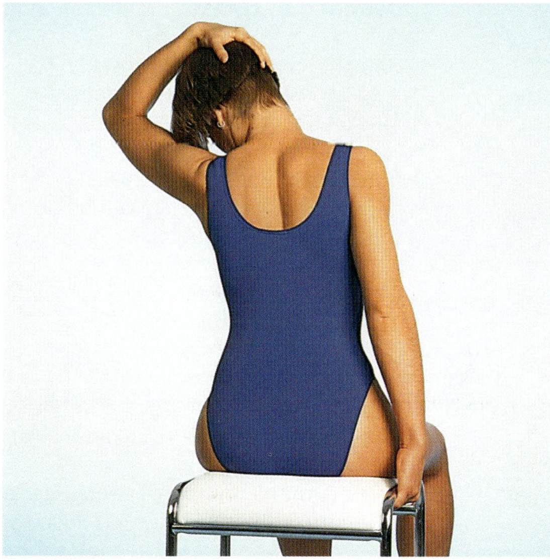

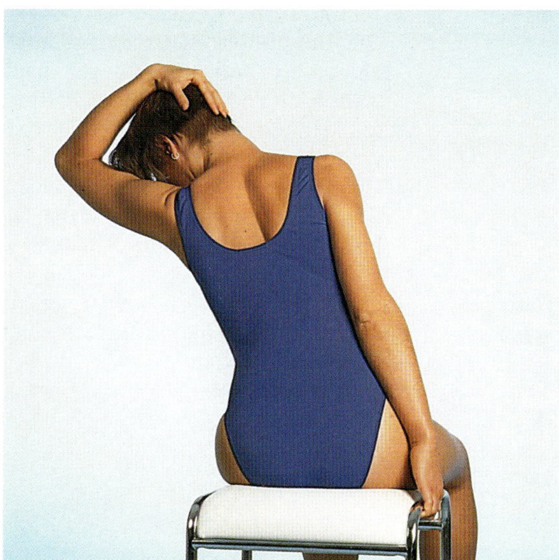

Dehnung beidseits

Verkürzte Muskulatur

Unterer Teil des Kappenmuskels (M. trapezius, pars ascendens)
Muskel über dem Schulterblatt (M. supraspinatus)
Mittlerer Teil des Delta-Muskels (M. deltoideus, pars acromialis)
Unterschlüsselbeinmuskel (M. subclavius)
Kleiner Brustmuskel (M. pectoralis minor)

Ausgangsstellung

An eine Tischkante setzen, Kinn eingezogen, Hände seitlich an die Tischkante legen

Ausführung

1. Die Arme bleiben ausgestreckt, der gesamte Rumpf gleitet an der Tischkante vorbei fußbodenwärts, so daß die Muskeln zwischen den Schulterblättern und um die Schultern spürbar werden.
2. Die Rumpfmuskulatur jetzt so anspannen, als wolle man sich wieder nach oben ziehen, dies 5 – 10 Sekunden halten.
3. Entspannen und jetzt den Körper noch weiter fußbodenwärts sinken lassen.
4. Übung so oft wiederholen, bis eine weitere Dehnung nicht mehr möglich ist. Die letzte Position 15 – 60 Sekunden halten.

Stimulierung der Antagonisten

Stehend die Schultern soweit wie möglich nach oben ziehen, bis sie die Ohren berühren, einige Sekunden halten.

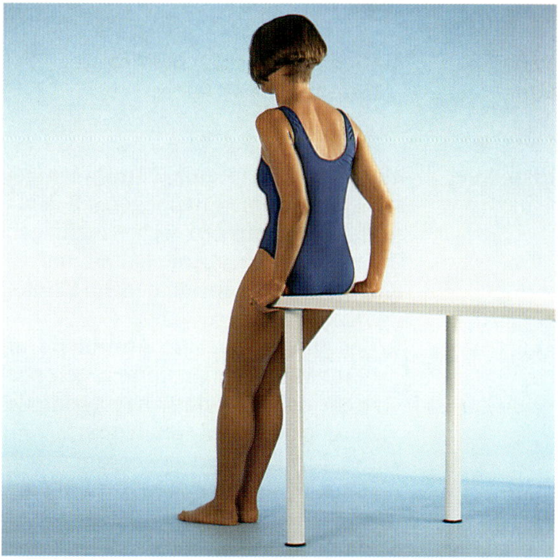

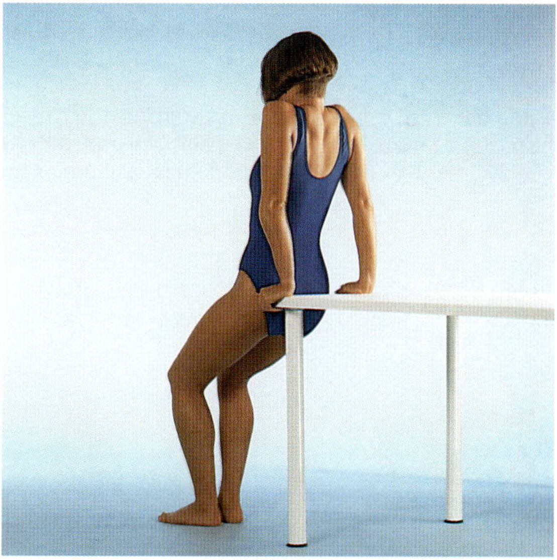

Dehnung rechts

Verkürzte Muskulatur

Muskel unter dem Schulterblatt (M. subscapularis)

Ausgangsstellung

Mit dem Gesicht zum Türrahmen gewendet stehen. Rechten Ellenbogen an den Körper seitlich anlegen, den rechtwinklig gebeugten Unterarm nach vorne halten und mit der Innenseite der Hand an den Türrahmen legen.

Ausführung

1. Der gebeugte rechte Arm bleibt unverändert, während der Körper sich nach links dreht und man den angespannten Muskel unter dem Schulterblatt spürt.
2. Der Muskel wird angespannt, indem die Hand fest gegen den Türrahmen gepreßt wird, dies 5 – 10 Sekunden halten.
3. Entspannen und in dieser Phase den Körper noch ein wenig weiter nach links drehen.
4. Übung so oft wiederholen, bis eine weitere Dehnung nicht mehr möglich ist. Die letzte Position 15 – 60 Sekunden halten.

Stimulierung der Antagonisten

Den gebeugten rechten Arm in der gleichen Position jetzt so weit nach außen drehen wie es möglich ist, und einige Sekunden halten.

Dehnung rechts

Verkürzte Muskulatur

Hinterer Teil des Delta-Muskels
(M. deltoideus, pars spinalis)
Kleiner Rundmuskel
(M. teres minor)
Muskel unter dem Schulterblatt
(M. infraspinatus)

Ausgangsstellung

Die linke Hand umfaßt das rechte Handgelenk. Der rechte Arm wird seitlich hochgehoben, wobei der Oberarm und die rechte Körperseite gegen einen Türrahmen gelehnt werden. Rechter Unterarm zeigt dabei nach links hinten.

Ausführung

1. Die linke Hand zieht den rechten Unterarm sowohl nach vorne als auch nach links, so daß die Muskeln auf der Hinterseite der rechten Schulter spürbar gedehnt werden.
2. Der Griff wird jetzt beibehalten, der rechte Unterarm wird nach hinten gepreßt, die linke Hand hält dagegen.
3. Nach der Entspannung wird mit der linken Hand der rechte Unterarm weiter nach vorn gezogen, wobei die Innenseite des rechten Oberarmes nach wie vor am rechten Ohr bleibt.
4. Übung so oft wiederholen, bis eine weitere Dehnung nicht mehr möglich ist. Die letzte Position 15 – 60 Sekunden halten.

Stimulierung der Antagonisten

Die Stellung wird beibehalten, diesmal wird der rechte Arm aber nach links bewegt, der Unterarm nach vorn gedreht, wobei die linke Hand dagegen hält. Diese Stellung einige Sekunden halten.

Dehnung beidseits

Verkürzte Muskulatur

Muskel unter dem Schlüsselbein (M. subclavius)
großer Brustmuskel (M. pectoralis major)
kleiner Brustmuskel (M. pectoralis minor)
breiter Rückenmuskel (M. latissimus dorsi)
großer Rundmuskel (M. teres major)

Ausgangsstellung

Ausgestreckte Arme nach oben erheben und Gürtel oder Seil umfassen. Kinn dabei einziehen. Hohlkreuz vermeiden, indem Knie- und Hüftgelenke gebeugt werden.

Ausführung

1. Körper fußbodenwärts durchhängen lassen, bis man die angespannten Muskeln unter dem Schlüsselbein und um den Brustkorb herum spürt.
2. Leichtes Anziehen des Körpers zur Decke hin, 5 – 10 Sekunden halten.
3. Entspannen und Rumpf dabei noch ein wenig tiefer Richtung Fußboden absenken.
4. Übung so oft wiederholen, bis eine weitere Dehnung nicht mehr möglich ist. Die letzte Position 15 – 60 Sekunden halten.

Stimulierung der Antagonisten

Den Gurt loslassen und in stehender Position die ausgestreckten Arme nach oben und hinten dehnen, dabei zeigen die Handflächen nach rückwärts.

Dehnung rechts

Verkürzte Muskulatur

Langer Kopf des dreiköpfigen Armstreckers (M. triceps brachii, caput longum)

Ausgangsstellung

Aufrecht auf einem Hocker sitzen. Gürtel oder Strick in der rechten Hand halten, wobei der rechte Ellenbogen gebeugt wird und der rechte Oberarm am Hinterkopf und rechten Ohr plaziert wird. Die linke Hand umfaßt mit leicht gebeugtem Ellenbogen das herunterhängende Ende des Gurtes bzw. des Strickes.

Ausführung

1. Die linke Hand zieht den Gurt fußbodenwärts, so daß der angespannte Muskel auf der Rückseite des rechten Oberarmes spürbar wird.
2. .Die rechte Hand versucht eine Bewegung zur Decke, wobei die nach unten ziehende linke Hand nicht nachgibt. 5 – 10 Sekunden halten.
3. Entspannen und mit der linken Hand den Gurt noch ein wenig weiter nach fußbodenwärts ziehen.
4. Übung so oft wiederholen, bis eine weitere Dehnung nicht mehr möglich ist. Die letzte Position 15 – 60 Sekunden halten.

Stimulierung der Antagonisten

Den Gurt loslassen und mit der linken Hand das rechte Handgelenk umfassen. Der rechte Ellenbogen wird soweit wie möglich aktiv gebeugt, die linke Hand drückt das Handgelenk in Streckstellung, einige Sekunden halten.

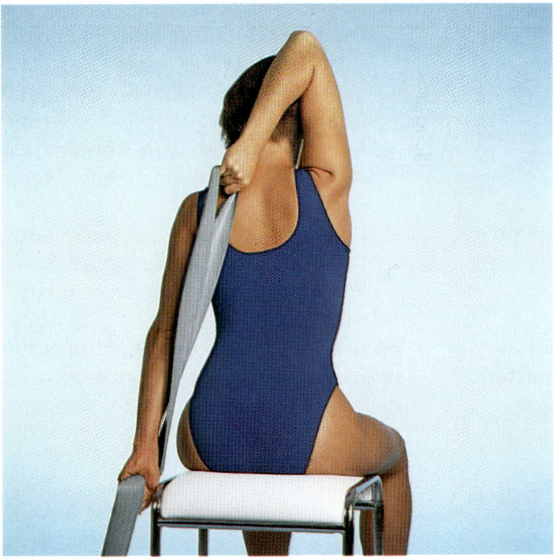

Dehnung rechts

Verkürzte Muskulatur

Langer und kurzer Kopf des zweiköpfigen Armmuskels (M. biceps brachii, caput longum, caput breve)
Schlüsselbeinteil des Deltamuskels (M. deltoideus, pars clavicularis)
Hakenarmmuskel (M. coracobrachialis)
Großer Brustmuskel (M. pectoralis major)

Ausgangsstellung

Mit der rechten Körperseite zum Türrahmen gewendet aufrecht stehen. Der ausgestreckte rechte Arm wird in Schulterhöhe seitwärts angehoben, die Handkante wird dabei gegen den Türrahmen angelegt.

Ausführung

1. Bei fixiertem Arm wird der Körper so weit nach links gedreht, daß die angespannten Muskeln an der Vorderseite des rechten Oberarmes sowie der Brust und Schulter spürbar werden.
2. Die Muskeln anspannen, indem der rechte Arm nach vorne gegen den Türrahmen gedrückt wird, dabei 5 – 10 Sekunden halten.
3. Entspannen und den Körper in der Entspannungsphase noch ein wenig weiter nach links drehen.
4. Übung so oft wiederholen, bis eine weitere Dehnung nicht mehr möglich ist. Die letzte Position 15 – 60 Sekunden halten.

Stimulierung der Antagonisten

Den rechten Arm ausgestreckt so weit wie möglich nach hinten bewegen und einige Sekunden halten.

Dehnung beidseits

Verkürzte Muskulatur

Vorderer Brustmuskel
(M. pectoralis major, M. pectoralis minor)
Teile der Schulter- und Armmuskulatur
(M. biceps brachii, M. deltoideus, pars clavicularis, M. coracobrachialis)

Ausgangsstellung

Auf einem Hocker sitzen, Oberkörper leicht nach vorn beugen und dabei Hohlkreuz vermeiden. Mit beiden Händen einen Gürtel oder Strick fassen, Handflächen nach vorne, Abstand der Hände anfangs sehr weit wählen.

Ausführung

1. Den Abstand der Hände so weit einander annähern, daß bei der Armerhebung und Rückwärtsführung ein leichtes Ziehen der verkürzten Muskeln spürbar wird.
2. Die nach oben gerichteten Arme ziehen etwa 5 – 10 Sekunden am Gürtel, ohne den Abstand der Hände dabei zu verändern.
3. Den Zug nachlassen (entspannen) und danach die Arme hinter den Kopf und nach unten bewegen, dabei darf es nicht weh tun!
4. Übung so oft wiederholen, bis eine weitere Dehnung nicht mehr möglich ist, dabei den Abstand der Hände etwas geringer wählen. Die letzte Position 15 – 60 Sekunden halten.

Stimulierung der Antagonisten

Nach Beendigung der Übung die Arme hinter den Rücken so weit wie möglich nach unten ziehen und einige Sekunden halten.

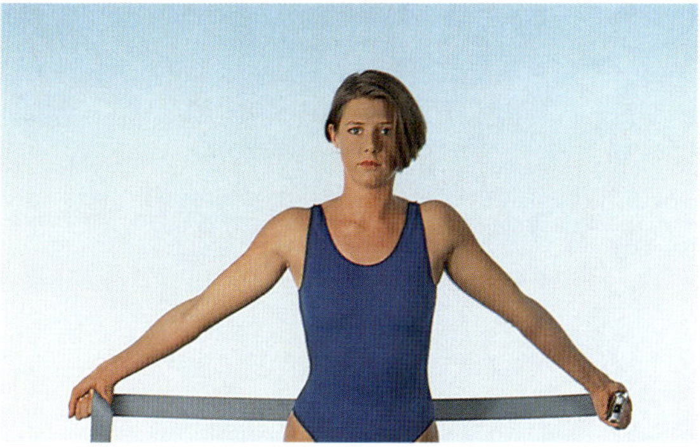

Dehnung beidseits

Verkürzte Muskulatur

Breiter Rückenmuskel
(M. latissimus dorsi)
Großer Rundmuskel (M. teres major)

Ausgangsstellung

Auf einem Kissen knien und Unterarme ausgestreckt auf einen Hocker legen. Dabei unbedingt ein Hohlkreuz vermeiden.

Ausführung

1. Schulterpartie langsam zum Fußboden sinken lassen, bis eine deutliche Dehnung an der Außenseite der Schultern spürbar ist.
2. Hände und Unterarme auf den Hocker fußbodenwärts pressen, 5 – 10 Sekunden halten.
3. Entspannen und dabei die Schulter weiter fußbodenwärts herabsinken lassen.
4. Übung so oft wiederholen, bis eine weitere Dehnung nicht mehr möglich ist. Die letzte Position 15 – 60 Sekunden halten.

Stimulierung der Antagonisten

Die ausgestreckten Arme mit den Handflächen nach vorne gewendet so weit wie möglich nach oben und hinten bewegen und einige Sekunden halten.

Dehnung beidseits

Verkürzte Muskulatur

Rückwärtsbeuger des oberen Rückens (Extensoren der BWS)

Ausgangsstellung

Bauchlage auf einem Tisch oder einer Bank, oberer Teil des Brustkorbes außerhalb der Tischkante. Polster an der Tischkante. Ellenbogen beugen und an die obere Brustwirbelsäule legen.

Ausführung

1. Auf den Bauch schauen, ausatmen und gleichzeitig mit den Händen den Rücken nach fußbodenwärts ziehen, bis eine Dehnung der Rückenmuskeln verspürt wird.
2. Nach oben schauen, dabei das Kinn einziehen und einatmen. Versuchen, den Rükken aufzurichten, dabei gleichzeitig mit den Händen dagegenhalten, 5 – 10 Sekunden halten.
3. Entspannen und wieder Richtung Bauch schauen. Ausatmen und noch weiter als vorher die Rückenmuskeln dehnen.
4. Übung so oft wiederholen, bis eine weitere Beugung der Brustwirbelsäule nicht möglich ist. Die letzte Position 15 – 60 Sekunden halten.

Stimulierung der Antagonisten

Mit den Händen die Tischbeine umfassen, auf den Bauch schauen, ausatmen und mit dem Oberkörper so weit nach vorne beugen, wie möglich. Die Hände halten jetzt dagegen, indem sie sich nach unten abstützen.

Dehnung beidseits

Verkürzte Muskulatur
Rückwärtsbeuger der Lende (Extensoren der LWS)

Ausgangsstellung
Bauchlage auf einem Tisch oder einer Bank, Becken einige cm außerhalb der Tischkante, Handtuch oder Polster an der Tischkante. Herabhängende Kniegelenke rechtwinklig beugen, die Zehen gegebenenfalls auf dem Fußboden abstützen.

Ausführung
1. Gesäß bodenwärts bewegen (LWS entlordosieren), bis eine Dehnung der Lendenmuskeln spürbar wird, ggf. Füße vom Fußboden anheben, um Dehnung zu verstärken.
2. Anspannen der Muskeln, als wollte man ein Hohlkreuz machen, 5 – 10 Sekunden halten.
3. Entspannen, Gesäß noch weiter absinken lassen, dabei Gesäßbacken anspannen.
4. Übung so oft wiederholen, bis eine weitere Absenkung des Beckens nicht mehr möglich ist. Die letzte Position 15 – 60 Sekunden halten.

Stimulierung der Antagonisten
Im Stand hinteres Becken senken (Schambein nach oben ziehen).

Dehnung rechts

Verkürzte Muskulatur

Großer Lendenmuskel (M. psoas major)
Darmbeinmuskel (M. iliacus)

Ausgangsstellung

Mit dem rechten Knie auf einem Kissen knien, mit der linken Hand auf einen linksseitigen Hocker stützen. Der linke Fuß wird mit gebeugtem Knie vor den Körper auf den Boden gesetzt. Das rechte Hüftgelenk wird etwas gestreckt, dabei den Oberkörper aufrecht halten, ohne das Becken nach rechts zu drehen. Hinteres Becken nach unten kippen (LWS entlordosieren), die rechte Hand kontrolliert dabei die richtige Ausführung der dorsalen Beckenkippung. Der rechte Unterschenkel und Fuß wird nach außen geschwenkt, so daß im rechten Hüftgelenk eine Innenrotation entsteht. Den Oberkörper nach links neigen.

Ausführung

1. Der rechte Oberschenkel wird etwas weiter gestreckt, indem der Rumpf weiter nach vorn gebracht wird. Man spürt dabei eine Dehnung des M. iliopsoas.
2. Den M. iliopsoas anspannen, indem das rechte Knie fest auf den Fußboden gepreßt wird, 5 – 10 Sekunden halten.
3. Entspannen und das Becken noch ein wenig weiter nach vorne schieben und dabei die Streckung der rechten Hüfte vergrößern.
4. Übung so oft wiederholen, bis eine weitere Dehnung nicht mehr möglich ist. Die letzte Position 15 – 60 Sekunden halten.

Stimulierung der Antagonisten

Durch Anspannen der rechten Gesäßmuskulatur das Becken weiter nach vorne bringen und einige Sekunden halten.

Achtung: kein Hohlkreuz entstehen lassen!

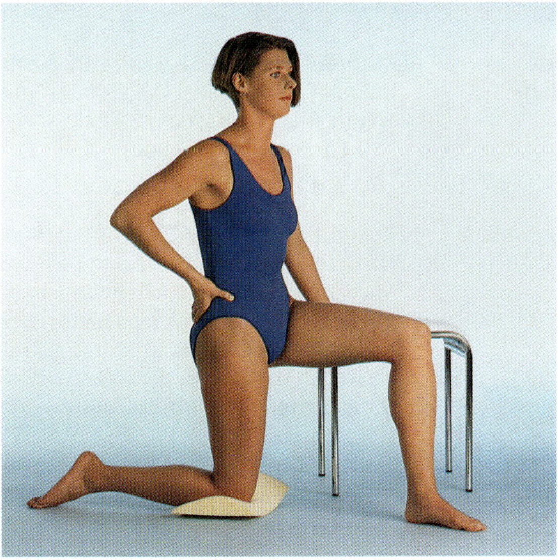

Dehnung rechts

Verkürzte Muskulatur

Mittlerer Gesäßmuskel (M. glutaeus medius)
Kleiner Gesäßmuskel (M. glutaeus minimus)
Spanner der Oberschenkelbinde
(M. tensor fasciae latae)

Ausgangsstellung

Knapp 1 m von der Wand entfernt stehen und Körpergewicht auf das rechte Bein verlagern. Man steht dabei mit leicht gekreuzten Beinen, linkes Bein nach vorne, rechtes Bein nach hinten. Die rechte Hand stützt sich mit ausgestrecktem Arm an der Wand ab, die linke Hand bleibt auf der linken Hüfte.

Ausführung

1. Die linke Hüfte sinkt etwas herab, wobei, ohne daß die Füße vom Boden wegbewegt werden, das gesamte Becken und der Rumpf sich zur rechten Wandseite hin bewegen. Man spürt dabei eine Dehnung an der rechten Oberschenkel- und Hüftaußenseite.
2. Die entsprechenden Muskeln anspannen, indem die Beine auseinandergepreßt werden, ohne am Fußboden die Stellung zu ändern, 5 – 10 Sekunden halten.
3. Entspannen, die linke Hüfte tiefer herabsinken lassen und den Rumpf noch weiter nach rechts zur Wand hin bewegen.
4. Übung so oft wiederholen, bis eine weitere Dehnung nicht mehr möglich ist. Die letzte Position 15 – 60 Sekunden halten.

Stimulierung der Antagonisten

Auf dem linken Bein alleine stehen und das rechte Bein so weit wie möglich hinter dem Knie anspreizen (nach innen bewegen).

Dehnung rechts

Verkürzte Muskulatur

Birnenförmiger Muskel (M. piriformis)
Hinterer Teil des großen, mittleren und kleinen Gesäßmuskels (M. glutaeus maximus, M. medius, M. minimus)
Vierseitiger Schenkelmuskel (M. quadratus femoris)

Ausgangsstellung

Mit dem Rücken auf den Boden legen, das rechte Bein in Hüft- und Kniegelenk etwa 60° beugen, die rechte Fußsohle behält Kontakt zum Boden. Das rechte Becken wird mit der rechten Hand festgehalten, den linken Arm zum Abstützen angespreizt auf Fußboden plazieren. Die Außenseite der linken Ferse legt sich überkreuzt an die Außenseite des rechten Kniegelenkes.

Ausführung

1. Der linke Fuß zieht das Kniegelenk nach links, ohne daß der rechte Fußsohlenkontakt zum Boden sich ändert. Dabei spürt man ein Dehnen an der Rück- und Außenseite der rechten Hüfte und dem Gesäß.
2. Druckerhöhung der linken Ferse gegen das rechte Knie und 5 – 10 Sekunden halten.
3. Entspannen, den rechten Oberschenkel noch ein wenig weiter nach links absenken lassen.
4. Übung so oft wiederholen, bis eine weitere Dehnung nicht mehr möglich ist. Die letzte Position halten.

Stimulierung der Antagonisten

In Rückenlage und leicht gebeugter Kniestellung beide Knie fest zusammenpressen.

Dehnung rechts

Verkürzte Muskulatur

Gerader Oberschenkelmuskel (M. rectus femoris)

Ausgangsstellung

Linke Hand auf Tischkante abstützen. Oberkörper nach rechts zur Seite neigen und mit der rechten Hand das rechte Fußgelenk umfassen. Rücken und linkes Knie strecken, Becken nach hinten kippen und Hohlkreuz ausgleichen (entlordosieren).

Ausführung

1. Rechte Hüfte weiter strecken, d. h. rechtes Knie in der Beugestellung weiter nach hinten bringen, bis an der Oberschenkelvorderseite eine Dehnung spürbar wird.
2. Rechtes Fußgelenk gegen die Hand nach unten ziehen, 5 – 10 Sekunden halten.
3. Entspannen und danach mit der rechten Hand die rechte Ferse soweit wie möglich Richtung Gesäß ziehen, dabei kein Hohlkreuz entstehen lassen!
4. Übung so oft wiederholen, bis eine weitere Dehnung nicht mehr möglich ist. Die letzte Position 15 – 60 Sekunden halten.

Stimulierung der Antagonisten

Hier dürfen keine Antagonisten stimuliert werden, da sonst ein schmerzhafter Muskelkrampf entstehen kann.

Dehnung rechts

Verkürzte Muskulatur

Gerader Oberschenkelmuskel (M. rectus femoris)

Ausgangsstellung

Bäuchlings auf einen Tisch legen, dabei Kopf vor der vorderen Tischkante, linkes Bein stützt sich leicht gebeugt auf dem Fußboden ab, Knie dabei so weit nach vorne bringen, daß das Hohlkreuz wieder verschwindet. Rechtes Knie beugen, ein Gurt wird um das Fußgelenk gelegt und mit den Händen rückwärts etwa in Schulterhöhe gehalten.

Ausführung

1. Die Hände ziehen den Gurt nach vorne, wobei das Knie in starke Beugung kommt. Man spürt dabei ein Ziehen der rechten Oberschenkelvorderseite.
2. Ohne Nachlassen des Gurtzuges Versuch, das rechte Knie gegen den Widerstand zu strecken.
3. Entspannen und noch ein wenig stärker am Gurt ziehen und dabei die Beugung im rechten Knie verstärken.
4. Übung so oft wiederholen, bis eine weitere Dehnung nicht mehr möglich ist. Die letzte Position 15 – 60 Sekunden halten.

Stimulierung der Antagonisten

Hier dürfen keine Antagonisten stimuliert werden, da sonst ein schmerzhafter Muskelkrampf entstehen kann.

Dehnung rechts

Verkürzte Muskulatur

Großer Oberschenkelanzieher
(M. adductor magnus)
Kammuskel (M. pectineus)
langer Oberschenkelanzieher
(M. adductor longus)
kurzer Oberschenkelanzieher
(M. adductor brevis)
äußerer Hüftlochmuskel
(M. obturatorius externus)
großer Gesäßmuskel
(M. glutaeus maximus)

Ausgangsstellung

Rechten Fuß auf Hocker stellen. Die linke Hüfte wird so weit wie möglich gestreckt, wobei der linke Fuß nach hinten aufgesetzt wird. Rücken und linkes Bein gestreckt halten.

Ausführung

1. Den Körper durch weitere Beugung der rechten Hüfte nach vorn und unten bewegen, bis man eine Dehnung der Muskeln an der rechten Innen- und Rückseite des Oberschenkels spürt. Die Hände stützen sich auf der linken Hockerseite ab.
2. Den rechten Fuß auf den Hocker anpressen, 5 – 10 Sekunden halten.
3. Entspannen und den linken Fuß noch ein wenig weiter nach hinten bewegen. Die rechte Schulter darf schließlich etwas tiefer als das rechte Knie nach unten kommen.
4. Übung so oft wiederholen, bis eine weitere Dehnung nicht mehr möglich ist. Die letzte Position 15 – 60 Sekunden halten.

Stimulierung der Antagonisten

Auf dem linken Bein stehen, rechtes Knie so weit wie möglich nach oben ziehen. Die rechte Hand drückt dabei von oben gegen die Kniescheibe.

Dehnung rechts

Verkürzte Muskulatur

2köpfiger Schenkelmuskel
(M. biceps femoris, caput longum)
Halbsehnenmuskel (M. semitendinosus)
Plattsehnenmuskel (M. semimembranosus)
großer Gesäßmuskel (M. glutaeus maximus)
großer Schenkelanzieher
(M. adductor magnus)

Ausgangsstellung

Linksseitig auf einem Polster knien. Die linke Hand stützt sich auf einen Hocker ab, der rechte Fuß wird bei gebeugtem Knie und Hüftgelenk nach vorne fest aufgesetzt, das linke Knie so weit nach hinten plazieren, daß eine leichte Überstreckung in der linken Hüfte entsteht.

Ausführung

1. Mit dem linken Knie weiter nach hinten gleiten, wobei bei diesem Wegrutschen gleichzeitig das rechte Knie in Streckstellung gerät. Zur Sicherung der Balance wird sich mit der linken Hand auf dem Hocker, mit der rechten Hand am Fußboden abgestützt.
2. Die rechte Ferse wird mit Kraft auf den Boden gepreßt, dies 5 – 10 Sekunden beibehalten.
3. Muskulatur des rechten Beines entspannen und danach mit dem linken Knie noch ein wenig nach hinten gleiten. Das rechte Knie kommt noch weiter in Streckstellung.
4. Übung so oft wiederholen, bis eine weitere Dehnung nicht mehr möglich ist. Die letzte Position 15 – 60 Sekunden halten.

Stimulierung der Antagonisten

In der Ausgangsstellung versuchen, das rechte Bein mit ausgestrecktem Knie zu heben. Dabei gut mit der linken Hand am Hocker abstützen.

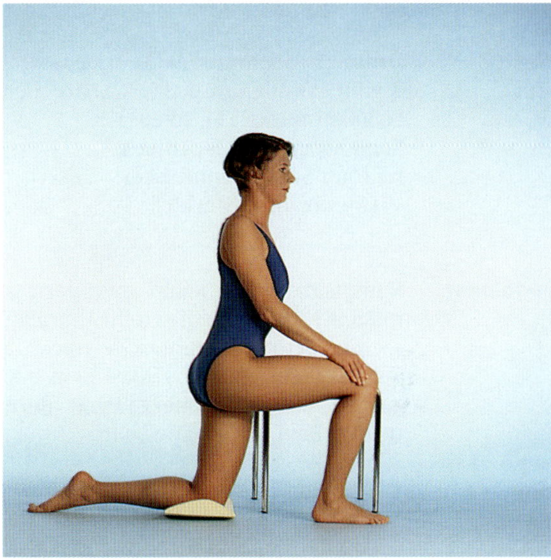

Dehnung rechts

Verkürzte Muskulatur

Drillingswadenmuskel (M. triceps surae)
Zwillingswadenmuskel (M. gastrocnemius)
Schollenmuskel (M. soleus)
Sohlenspanner (M. plantaris)
hinterer Schienbeinmuskel (M. tibialis posterior)

Ausgangsstellung

Rumpf im Stehen leicht nach vorn gebeugt, mit den Händen auf die Tischkante abgestützt, rechtes Bein nach hinten gestreckt, auf den Zehenspitzen stehen. Linkes Bein nach vorn gesetzt, leicht im Knie gebeugt. Rumpf und rechtes Bein bilden eine Linie.

Ausführung

1. Beugung im linken Hüft- und Kniegelenk, die rechte Ferse auf den Boden absenken, daß die Muskeln der rechten Kniekehle und Unterschenkelrückseite gespürt werden.
2. Rechten Fußballen auf den Boden pressen, 5 – 10 Sekunden beibehalten.
3. Entspannen und mit dem Rumpf etwas weiter in die Vorwärtsneigung gehen.
4. Übung so oft wiederholen, bis eine weitere Dehnung nicht mehr möglich ist. Die letzte Position 15 – 60 Sekunden halten.

Stimulierung der Antagonisten

Rechte Fußspitze bei gestrecktem Knie so kräftig wie möglich beugen (in Spitzfuß bringen).

14 Selbsthilfegruppen Fibromyalgie-Syndrom

Deutsche Fibromyalgie-Vereinigung (DFV) e. V.– Bundesverband
Postfach 1308
Brandgasse 11
D-71536 Murrhardt
Tel. 07192-900572
Fax 07192-900573
Beratungsstelle
Email:Fibro-Rheuma-Selbsthilfe @t-online.de
Homepage: http://www.Weiss.de/ Fibro.htm

Wir sind Mitglied im „IFME – International Fibromyalgia-Exchange“, einem weltweiten Netzwerk von 43 nationalen Fibromyalgie-Organisationen und im „Verbund Deutscher Selbsthilfen in der Schlafmedizin – Interessengemeinschaft für schlafassoziierte Erkrankungen“

Selbsthilfegruppen und Ansprechpartner in Ihrem Bundesland (Stand September 1998)

Baden-Württemberg

Aalen
Herr Teufel – Tel. 07361-73564
Frau Hieber – Tel. 07365-1455

Backnang
N. N.

Bad Säckingen
Frau Weber-Eckert
Tel. 07761-58169

Bietigheim-Bissingen
Frau Buturus – Tel. 07142-30229
Frau Wagner – Tel. 07147-3749

Böblingen
Frau Prade – Tel. 07033-46277
Frau Weiß – Tel. 07031-279925

Ebersbach (Landkreis Göppingen)
Frau Bauer – Tel. 07163-7135

Heidelberg
Frau Gluhovic – Tel. 06223-48383
Frau Landwehr – Tel. 06202-54968

Horb (in der Gründung)
Frau Hierath – Tel. 07482-1862

Leonberg
Frau Rebmann – Tel. 07152-41786
Herr Geiger – Tel. 07152-43285
Frau Graf – Tel. 07152-27264

Leutkirch
Frau Ratzel – Tel. 07563-914144

Ludwigsburg
Frau Schmalzl – Tel. 07144-92479
Herr Jetten – Tel. 07144-15483

Murrhardt
Frau Thiemann – Tel. 07192-1366

Nürtingen
Frau Schmalzbauer
Tel. 07022-41311
Frau Engel – Tel. 07127-50538

Pforzheim
Frau Oswald – Tel. 07231 67078
Frau Jentzsch – Tel. 07233-1867

Rastatt
Frau Putz – Tel. 07222-31387

Riedlingen
Frau Buck – Tel. 07371-12556

Schorndorf
Frau Hassel – Tel. 07181-23446
Frau Stöger – Tel. 07181-71037

Schwaikheim
Frau Itterheim – Tel. 07195-51237
Frau Müller – Tel. 07195-51733

Stuttgart
Nachmittagsgruppe
Frau Schlag – Tel. 0711-6403613
Frau Weber – Tel. 0711-6365937
Abendgruppe
Frau Schwoch – Tel. 0711-662261

Überlingen
Frau Meister – Tel. 07551-66522

Waiblingen
Frau Sonntag – Tel. 07151-930726

Weitere Ansprechpartner
Frau Quick-Vollmer
Tel. 07231-76269
Frau Budenz – Tel. 07706-5846
Frau + Herr Thiemann
Tel. 07192-900572/1366

Bayern

Amberg/Oberpfalz-Mitte
Herr Beer – Tel. 09675-576
Herr Rädle – Tel. 09666-95095

Augsburg
Gruppe 1
Frau Umlauf – Tel. 0821-707367
Frau Roppel – Tel. 0821-466391
Gruppe 2
Frau Asam – Tel. 0821-663833

Bad Neustadt (im Aufbau)
Frau Schneider – Tel. 09771-98431

Bad Kissingen
Frau Seeger – Tel. 0971-97400

Bamberg
Frau Laub – Tel. 0951-71522

Berchtesgaden (in Vorbereitung)
N. N.

Cham
Frau Lang – Tel. 09461-2716

Fürth
Frau Hasenberg – Tel. 0911-751512

Garmisch-Partenkirchen
Frau Muser – Tel. 08823-5684
Frau Wilhelm – Tel. 08821-52808

Hof und Umgebung
Frau Kornbacher – Tel. 09284-8479
Frau Lindner – Tel. 09292-6225
Frau Holzscheck – Tel. 09256-1459

Inzell
Frau Christoph – Tel. 08661-1092

Meitingen – Nordendorf
Frau Dötterl – Tel. 08271-3585
Frau Maisch – Tel. 08295-1392

Mittenwald
Frau Muser (tagsüber)
Tel. 08823-5684
Frau Esper (abends)
Tel. 08823-2363

München
Herr Bauer – Tel. 089-675817
Frau Staudinger – Tel. 089-400764

Neumarkt
Frau Rickert – Tel. 09187-5362
Frau Meißner – Tel. 09181-261646

Regensburg (im Aufbau)
Frau Judex – Tel. 09463-80014

Schweinfurt (im Aufbau)
Frau Padoan – Tel. 09721-38371
Frau Pfister – Tel. 09711-8430

Weitere Ansprechpartnerinnen
Frau Raß (abends) – Tel. 09106-97977
Frau Ireland – Tel. 09122-17078
Frau Popp – Tel. 08035-5971
Frau Lausen – Tel. 08051-968991
Frau Groß – Tel. 09331-1783

Berlin

Selbsthilfezentrum Neukölln
Tel. 030-6816064 (Telef. Sprechzeiten: Mo, Mi, Do, 16–20 Uhr)
Treffen: Jeden 1. Mittwoch im Monat, 16.15 Uhr, Hertzbergstraße 22 (Selbsthilfezentrum)

Weitere Ansprechpartnerin
Frau Lehmann – Tel. 030-7033725

Brandenburg

Ansprechpartnerinnen
Frau Drews – Tel. 0331-623901
Frau Wunsch – Tel. 03301-582646

Bremen

Bremen
Bremen-Süd
Frau Meyer-Asendorf
Tel. 0421-481042
Bremen-Nord (im Aufbau)
Frau Esser – Tel. 0421-6250104
Weitere Ansprechpartnerin
Frau Grigo – Tel. 04743-27272
(Bremerhaven)

Hamburg

Hamburg-Harburg
Frau Thiess – Tel. 040-7907406
Frau Awiszus – Tel. 040-7631135
Frau Kolster – Tel. 040-7684279
Hamburg-Farmsen
Frau Strecker – Tel. 040-6035625
Frau Kaftan – Tel. 040-6033417
Frau Doschke – Tel. 040-6702057
Weitere Ansprechpartnerin
Frau Hartrampf – Tel. 040-6477376

Hessen

Darmstadt (ab Juli – im Aufbau)
Frau Schmidt – Tel. 06151-47138

Bürstadt
Herr Assmacher – Tel. 06245-1784

Frankfurt
Frau Mergenthaler – Tel. 069-396656

Fulda
Frau Ritter – Tel. 0661-51506
Herr Heumüller – Tel. 0661-69236

Hanau
Frau Hennig – Tel. 06181-780177

Korbach
Frau Wege-Schäfer – Tel. 05631-2141

Offenbach
Herr Marx – Tel. 06104-62291

Weitere Ansprechpartnerinnen
Frau Fink – Tel. 06631-6418
Frau Salfer – Tel. 06621-66915

Mecklenburg-Vorpommern

Ansprechpartnerin
Frau Schönwitz – Tel. 0385-4841414

Niedersachsen

Bad Pyrmont
Frau Reker – Tel. 05283-1786

Bad Sachsa (im Aufbau)
Herr Seidenstücker – Tel. 05523-1618

Bad Zwischenahn
Herr Stoffers – Tel. 04403-7360

Bassum
Herr Bohnhardt – Tel. 04241-3799

Braunschweig
Paritätisches Sozialzentrum
Tel. 0531-480790
Frau Fahr – Tel. 0531-841923

Hannover
Frau Edler – Tel. 0511-602302

Hannoversch Münden
Frau Pruß – Tel. 05541-8883
Frau Weiß – Tel. 05541-72574

Hildesheim
Herr Feenders – Tel. 05121-516161

Stade/Buxtehude
Frau Runge – Tel. 04163-6656

Verden an der Aller
Gemeinsame Selbsthilfegruppe Fibromyalgie (FM) und Chronisches Erschöpfungs-Syndrom (CFS)
Frau Meyer – Tel. 04232-7211

Wilhelmshaven
Frau Stoll – Tel. 04422-1744
Frau Knickelbein – Tel. 04422-1769

Wolfenbüttel
Frau Ehrenpfordt – Tel. 05331-77218
Frau Krüger – Tel. 05336-8377

Weitere Ansprechpartnerin
Frau Haase – Tel. 05509-1305

Nordrhein-Westfalen

Bad Berleburg
Frau Scholz – Tel. 02759-624
Frau Neumann – Tel. 02751-7802
Frau Kolbe – Tel. 02753-2328

Bad Oeynhausen
Frau Lederer – Tel. 05731-3114
Frau Mülke – Tel. 05731-20979

Bielefeld
Frau Hoffmann – Tel. 05202-81701
Frau Kaufmann – Tel. 05247-4966

Bonn
Frau Klingsporn – Tel. 0228-251749

Düsseldorf
Frau Ihme – Tel. 0211-660799
Frau Rüther – Tel. 0211-6914144

Erkelenz
Frau Grüne (vorläufig)
Tel. 02153-3662

Eschweiler
Frau Graupner – Tel. 02403-54048
Frau Clermont – Tel. 0 2403-53944

Geldern/Straelen
Frau Suhr – Tel. 0 28 31-71 01
Frau Röskens – Tel. 0 28 34-29 90

Gelsenkirchen
Frau Saxen – Tel. 02 09-20 69 80

Gummersbach
Frau Bohnen – Tel. 0 22 61-4 88 87
Frau Rödiger – Tel. 0 22 62-9 24 99

Heinsberg
Frau Peiker – Tel. 0 24 52-6 16 86
Frau Lorek – Tel. 0 24 54-90 95 40

Hückelhofen
Frau Grüne (vorläufig)
Tel. 0 21 53-36 62

Kevelaer
Frau Grüne (vorläufig)
Tel. 0 21 53-36 62

Kleve
Herr Haupt – Tel. 0 28 24-74 09
Frau Noltenhans – Tel. 0 28 21-2 89 86

Krefeld
Frau Bosch – Tel. 0 21 51-39 43 49
Frau Clerehugh – Tel. 0 21 51-2 83 29

Lichtenau/Paderborn
Frau Ebner – Tel. 0 52 95-12 32
Frau Alexander – Tel. 0 52 51-5 97 95

Menden (im Aufbau)
Frau Reinhardt – Tel. 0 23 73-6 69 06

Mönchengladbach
Frau Pinzke – Tel. 0 21 61-18 17 30
Frau Netzer – Tel. 0 21 61-83 59 92

Mönchengladbach-Rheydt
Frau Schultz – Tel. 0 21 61-66 59 47

Mülheim (Ruhr)
Frau Grüne (vorläufig)
Tel. 0 21 53-36 62

Nettetal
Frau Grüne – Tel. 0 21 53-36 62
Frau Rüllenrath – Tel. 0 21 54-95 18 67

Neuss
Herr Dürrmann – Tel. 0 21 37-6 01 74
Frau Mühlhaus-Schmitz
Tel. 0 21 31-6 29 85

Siegen
Frau Scholz – Tel. 0 27 59-6 24
Frau Frisch – Tel. 02 71-7 90 8 92

Tönisvorst
Frau Al-Ali – Tel. 0 21 51-31 22 95
Frau Drenker – Tel. 0 21 51-70 03 99

Viersen (in Vorbereitung)
Frau Grüne – Tel. 0 21 53-36 62

Xanten
Frau Pfenning – Tel. 0 28 01-7 02 90
Frau Fischer – Tel. 0 28 02-12 44

Weitere Ansprechpartnerin
Frau Kinski – Tel. 0 24 21-7 48 41

Rheinland-Pfalz

Germersheim/Speyer
Frau Schwerdel – Tel. 0 72 74-35 36
Frau Hirt – Tel. 0 72 74-68 93

Landau
Frau Sommerauer – Tel. 0 63 48-15 02

Neustadt (im Aufbau)
Herr Kiehlmann – Tel. 0 63 21-1 62 07

Weitere Ansprechpartner
Frau Weiße – Tel. 0 61 33-5 93 89
Herr Krug – Tel. 0 27 41-2 19 07

Saarland

N. N.

Sachsen

Dresden
K. I. S. S. (Frau Panek)
Tel. 0351-4826352
Frau Rudolph – Tel. 0351-470420

Zwickau
Frau Brückner – Tel. 0375-473652
Frau Richter – Tel. 037605-5818

Weitere Ansprechpartnerin
Frau Uhlig – Tel. 0341-5852917

Sachsen-Anhalt

Ansprechpartnerin
Frau Thumbrock – Tel. 039241-297

Schleswig-Holstein

Bad Bramstedt
Frau Hagen-Hansen
Tel. 04324-8355
Frau Koscielniak – Tel. 04321-29652

Bad Oldesloe (in Vorbereitung)
Frau Lunkenbein – Tel. 0451-281302

Bad Schwartau
Frau Lunkenbein – Tel. 0451-281302
Frau Schlichting – Tel. 0451-497549

Kiel
Herr Toppel – Tel. 0431-335024
Frau Gehrmann – Tel. 0431-734998

Lübeck
Frau Lunkenbein – Tel. 0451-281302
Frau Schlichting – Tel. 0451-497549
Frau Trapp – Tel. 0451-606488

Neumünster
Frau Hagen-Hansen
Tel. 04324-8355
Frau Neubert – Tel. 04321-28534

Wahlstedt (im Aufbau)
Frau Dollerschell – Tel. 04554-2715

Thüringen

Jena
Frau Wicht – Tel. 03641-609120

Weitere Ansprechpartnerin
Frau Luthardt – Tel. 036762-32989
oder Tel. 036762-31355

15 Kliniken mit Fibromyalgie-Abteilungen (Stand März 1999)

Rheumaklinik Oberammergau
Chefarzt PD Dr. med. Helmut Franck
Dr. med. Ingeborg Maier
Hubertusstraße 40
82487 Oberammergau
Tel. 0 88 22-9 14-0
Fax 0 88 22-9 14-2 22

Sanitas Alpenklinik Inzell GmbH
Fach- und Rehabilitationsklinik für Allergie-, Haut- und Atemwegserkrankungen
Rheumatologie und Pädiatrie
Schlafmedizinisches Zentrum
Oberarzt Dr. med. W. Berg
Schulstraße 4
83334 Inzell

Fachklinik Enzensberg
Fachklinik für Physikalische Medizin und Med. Rehabilitation, Orthopädie/Traumatologie, Neurologie/Neurophysiologie, Innere Medizin
Chefarzt u. Ärztlicher Direktor
Dr. med. Uwe Moorahrend
Höhenstraße 56
87629 Hopfen am See
Tel. 0 83 62-12-0 (Zentrale)
Tel. 0 83 62-12-11 18 (Dr. Moorahrend)
Fax 0 83 62-12-30 30

Federseeklinik
Chefarzt Dr. med. Rüdiger Maleitzke
Postfach 1361
88419 Bad Buchau
Tel. 0 75 82-8 00-16 14 (Sekretariat)
Fax 0 75 82-8 00-16 66

Klinik Schloß Rabenstein
Rehabilitationsklinik für Erwachsene, Jugendliche und Kinder
Chefarzt Dr. med. R. Eder
Stormberger Straße 27
94227 Zwiesel-Rabenstein
Tel. 0 99 22-8 68-0
Fax 0 99 22-8 68-8 88

Klinikum Bad Bocklet
(Fibromyalgie-Zentrum)
Chefarzt Dr. Dr. med. Eckart Friedel
Frankenstraße 36
97708 Bad Bocklet
Tel. 0 97 08-79-0
Fax 0 97 08-79-102
Homepage: http://www.klibo.com
E-mail: Info@Klibo.com

Rheumaklinik Eisenmoorbad
Chefarzt Dr. med.
Joachim-Michael Engel
Facharzt für Innere Medizin – Rheumatologie – Physikalische Medizin – Sozialmedizin
Dresdener Straße 9
04924 Bad Liebenwerda

* Interdisziplinäres Therapiezentrum
Rehabilitationsklinik für Onkologie und Rheumatologie
Rauberg 1
07407 Uhlstädt-Weissen
Tel. 03 67 42-66-0
Fax 03 67 42-66-2 22

* Inselklinik Heringsdorf GmbH
Haus Kulm (Ostseeinsel Usedom)
Rehabilitationsklinik f. Psychosomatische Medizin, Psychosomatosen, Chronische Schmerzen, Chronische Schlafstörungen
Chefarzt Prof. Dr. Winfried Papenfuß
Dipl. Soz. Päd. Frau M. Bresching
Kulmstraße 9
17420 Seebad Heringsdorf
Tel. 038378-59-0
Fax 038378-59-585

* Immanuel-Krankenhaus GmbH
Chefarzt Dr. med. Helmut Soerensen
OA Dr. med. Rolf Hauer
Königstraße 63
14109 Berlin
Tel. 030-80505-0
Fax 030-80505-288 (Zentrale)
Fax 030-80505-299 (Ambulanz)

Rheumaklinik Bad Bramstedt GmbH
Innere Medizin, Orthopädie, Anaesthesie, Pädiatrie, Neurologie, Radiologie/Nuklearmedizin, Labormedizin, Physikalische Therapie
Ärztlicher Direktor Dr. med. L. Weh
Oskar-Alexander-Straße 26
24576 Bad Bramstadt
Tel. 04192-90-0 (Zentrale)
Tel. 04192-90-2486 (Sekretariat)
Fax 04192-90-2390

* Rheuma-Klinik Bad Nenndorf
Chefarzt Dr. med. Wolfgang Brückle
Bahnhofstraße 9
31542 Bad Nenndorf
Tel. 05723-702-110 (Zentrale)
Tel. 05723-702-126 (Sekretariat)
Fax 05723-702-104

* Klinik Niedersachsen
Klinik für Rheumatologie + Orthopädie
Dr. med. Herklotz/Dr. med. Weber
Hauptstraße 59
31542 Bad Nenndorf
Tel. 05723-707-272
Fax 05723-707-164

m&i-Fachklinik Bad Pyrmont
Klinik für Rheumatologie und Orthopädie
Chefarzt und Ärztlicher Direktor
Dr. med. Uwe Moorarend
OA Dr. med. Jochen Lautenschläger
Auf der Schanze 3
31812 Bad Pyrmont
Tel. 05281-167-1018/-1021
Fax 05281-167-1700
Aufnahme: Tel. 05281-167-1053

* Weserland-Klinik Bad Seebruch
Chefarzt Prof. Dr. med. Reinhard Fricke und Shaban Fetaj (Facharzt für Innere Medizin)
Abt. Rheumatologie II
Seebruchstraße 33
32602 Vlotho-Bad Seebruch
Tel. 05733-925-9250
Fax 05733-925-944

* Rheumaklinik Bad Wildungen
Chefarzt Dr. med. B. Krohn-Grimberghe
Facharzt für Innere Medizin, Rheumatologie, Physikalische und Rehabilitative Medizin, Chirotherapie, Sozialmedizin
Am Katzenstein 2
34537 Bad Wildungen

+ Klinik für Rheumatologie/
Nordwestdeutsches Rheuma-
zentrum St. Josef-Stift Sendenhorst
Chefarzt Prof. Dr. med.
Michael Hammer
Facharzt für Innere Medizin –
Rheumatologie – Physikalische
Therapie
Westtor 7
48324 Sendenhorst
Tel. 02526-300-1541 (Sekretariat)
Fax 02526-300-1010

* St. Marien-Hospital
Chefarzt Dr. med. E. Niksch
Arzt für Innere Medizin,
Rheumatologie, Chirotherapie
und Physikalische Therapie
An't Lindeken 100
48691 Vreden
Tel. 02564-99-4159
Fax 02564-99-4156

Klinik Auerbach
Dr. Vetter KG.
Rheumazentrum Rhein-Main
Chefarzt Prof. Dr. med. G. L. Bach
Internist/Rheumatologie/Physikalische Therapie/Sozialmedizin
Dr. med. H. M. Wisseler
Dr. med. A. Schirling
Internisten – Rheumatologen
Heinrichstraße
64625 Bensheim

Klaus-Mielke-Klinik
Chefarzt Dr. med. Wolfgang Bölten
OA Dr. med. Ulrich Käßer
Leibnitzstraße 23
65191 Wiesbaden
Tel. 0611-575-811 (Sekretariat)
Fax 0611-575-888

* Reha-Klinik Saarschleife
Cloefstraße 1
Chefarzt Dr. med.
Thomas Wessinghage
Oberarzt Dr. med. Balliet
66693 Mettlach (Orscholz)
Tel. 06865-90-0
Fax 06865-90-1800
Homepage: http://www.saarschleife.de

Rosentrittklinik
Chefarzt Dr. med. Kay Jörgens
Salinenstraße 20
74906 Bad Rappenau
Tel. 07264-83116

* Rheumaklinik Bad Säckingen
(Fibromyalgie-Zentrum)
Ärztlicher Direktor Prof. Dr.
W. H. Jäckel
Chefarzt Dr. med. Thomas Stratz
Bergseestraße 61
79713 Bad Säckingen
Tel. 07761-554-956 (Sekretariat)
Fax 07761-554-959
Aufnahme/Termine: Frau Piertza
Tel. 07761-554-913
Homepage: http://www.rheumaklinik.com

* Park-Klinik GmbH
Dr. med. Rolf Joist
Weihermatten 1
79713 Bad Säckingen
Tel. 07761-554-821
Fax 07761-554-855
Aufnahme/Termine: Frau Oertel
Tel. 07761-554-858

Fachklinikum Brandis
Ärztlicher Direktor
Dr. med. Volker Rust
Am Kohlenberg
04821 Brandis
Tel. 034292-84-501
Fax 034292-84-700

* Johanniter-Krankenhaus im Fläming gGmbH
Rheumazentrum des Landes Brandenburg – Chefarzt Prof. Dr. med. habil. K. Gräfenstein
Jüterboger Straße 68
14929 Treuenbrietzen
Tel. 033748-82384
Fax 033748-82410
Ansprechpartnerin für Fibromyalgie: Frau Dipl. med. A. Gundlach
Tel. 033748-82292 oder 82385

Med. Psych. Klinik Bad Bramstedt
Zentrum f. Verhaltenstherapie, Psychosomatik und Psychotherapie mit Schmerzzentrum – Oberarzt Dr. M. Apelt
Birkenweg 10
24576 Bad Bramstedt
Tel. 04192-504-0
Fax 04192-504-600

Kreiskrankenhaus Simbach am Inn
Dr. med. Hiemeyer
(Internist. Rheumatol.)
Plinganser Straße 10
84359 Simbach am Inn
Tel. 08571-980-0 (Zentrale)
Fax 08571-980-142
Aufnahme/Termine:
Frau Köhler Tel. 08571-980-271

Klinik am Steigerwald
Zentrum für biologische Heilverfahren und traditionelle chinesische Medizin
97447 Gerolzhofen
Tel. 09382-949-200 (Frau Brincker)
Fax 09382-949-109

Sanatorium Winterstein
Pfaffstraße 5–11
Chefarzt Dr. Mommsen
97688 Bad Kissingen
Tel. 0971-8270
Fax 0971-827106

* = Kliniken mit Zugang zu einer Kältekammer

16 Literaturverzeichnis

Bell, D. S. et al.: Primary juvenile fibromyalgia syndrome and chronic fatigue syndrome in adolescents. Clinical Infectious Diseases 18 (1994) 21–23

Bengtsson, A.: Regional sympathetic blockade in Primary Fibromyalgia. Pain 33 (1988) 161–167

Boisset-Pioro, M. H. et al.: Sexual and physical abuse in women with fibromyalgia syndrome. Arthritis and Rheumatism 38/2 (1995) 235–241

Branco, J. et al.: Sleep cycles and alpha-delta sleep in fibromyalgia syndrome. Journal of Rheumatology 21 (1994) 1113–1117

Brückle, W., J. Lautenschlager: Die Therapie der generalisierten Tendomyopathie (Fibromyalgie-Syndrom). Aktuelle Rheumatologie 20/1 (1995) 13–19

Brückle, W.: Die generalisierte Tendomyopathie. Fortschritte der Medizin 110 (1992) 251–257

Brückle, W.: Gewebe-pO_2-Messung in der verspannten Rückenmuskulatur, Zeitschrift Rheumatologie 49 (1990) 208–216

Brückle, W.: Schmerzverlauf und -topographie bei generalisierten Tendomyopathien. Zeitschrift für Rheumatologie 50 Suppl. 1 (1991) 19–28

Bruusgaard, D. et al.: Fibromyalgia – a new case for disability pension. Scandinavian Journal of Social Medicine 21 (1993) 116–119

Burckhardt, C. S. et al.: Quality of life of Swedish women with fibromyalgia syndrome, rheumatoid arthritis or systemic lupus erythematosus. Journal of Musculoskeletal Pain 1/3–4 (1993) 199–207

Burckhardt, C. S.: A randomized, controlled clinical trial of education and physical training for women with fibromyalgia. Journal of Rheumatology 21 (1994) 714–720

Buskila, D. et al.: Assessment of nonarticular tenderness and prevalence of fibromyalgia in children. Journal of Rheumatology 20 (1993) 368–370

Campbell, S.: Is the tender point concept valid? The Amer. J. of Med. 81 (1986)

Coderre, T. et al.: Contribution of central neuroplasticity to pathological pain, Pain 52 (1993) 259–285

Croft P. et al.: Population study of tender point counts and pain as evidence of fibromyalgia. BMJ 309 (1994) 698–699

Curio, I., O. B. Scholz: Schmerzdeskription und Krankheitsverhalten in Schmerztagebüchern von Fibromyalgia- und Polyarthritis-Patienten. Zeitschrift für Rheumatologie 53 (1994) 11–18

Dejung, B.: Manuelle Triggerpunktbehandlung bei chronischer Lumbosakralgie. Schweizer Med. Wochenschrift. Supplement 62 (1994) 87–7

Drewes, A. M. et al.: Self-reported sleep disturbances and daytime complaints in women with fibromyalgia and rheumatoid arthritis. Journal of Musculoskeletal Pain 2/4 (1994) 15–31

Eckert, A., W. Müller: Pharmakologie und Wirkungsmechanismen von Muskelrelaxantien, Symposium, Bad Säckingen 1995

Elert, J. et al.: Muscle endurance, muscle tension and personality traits in patients with muscle or joint pain – a pilot study. Journal of Rheumatology 20 (1993) 1550–1556

Engel, J. M.: Vortrag auf dem Expertentreffen in Brandis am 26. 9. 98

Ercolani, M. et al.: Fibromyalgic syndrome: depression and abnormal illness behaviour. Psychotherapy and Psychosomatics 61 (1994) 178–186

Evjenth, O.: Muskeldehnung, warum und wie? (1981) REMED, Zug

Evjenth, O.: Persönliche Mitteilungen

Fassbender H. G., K. D. Martens: Kritische Überlegungen zur Pathogenese des „Weichteilrheumatismus" (Fibromyalgia) und ihre therapeutischen Konsequenzen. Zeitschrift für Orthopädie und ihre Grenzgebiete 130 (1992) 99–103

Fassbender, H. G.: Morphologie und Pathogenese des Weichteilrheumatismus. Zeitschrift Rheumaforschung 32 (1973) 355–374

Fields, H.: Pain modulation and the Action of Analgesic Medication, Ann. of Neurology, Suppl. to vol. 35 (1994)

Gersten, G. V.: Über die Einwirkung der Übung auf die Leistungsfähigkeit des Muskels bei isometrischer Arbeit. Skand. Arch. Physiol. 18 (1913) 13

Gibson, S. J. et al.: Altered heat pain thresholds and cebreal event-related potential following painfuls CO_2 laser stimulation in subjects with fibromyalgia syndrome. Pain 58 (1994) 185–193

Goldenberg, D. L. et al.: A controlled study of a stress-reduction, cognitive-behavioral treatment program in fibromyalgia. Journal of Musculoskeletal Pain 2/2 (1994) 53–66

Goldenberg, D. L.: Fibromyalgia and chronic fatigue syndrome. Journal of Musculoskeletal Pain 2/3 (1994) 51–55

Goldenberg, G. L.: Fibromyalgia, chronic fatigue syndrome, and myofascial pain syndrome. Current Opinion in Rheumatology 5 (1993) 199–208

Granges, G., G. Littlejohn: Prevalance of myofascial pain syndrome in fibromyalgia syndrome and regional pain syndrome. Journal of Musculoskeletal Pain 1/2 (1993) 19–35

Günther, P. G.: Das muskuläre Tonussubstrat. Grundlagen zur Pathophysiologie und Therapie des Muskelrheumatismus. Zeitschrift Rheumaforschung 13 (1954) 381

Gunther, V. et al.: Fibromyalgia – the effect of relaxation and hydrogalvanic bath therapy on the subjective pain experience. Clinical Rheumatology 13/4 (1994) 573–578

Hagglund, K. J. et al.: Weather, beliefs about weather, and disease severity among patients with fibromyalgia. Arthritis Care and Research 7/3 (1994) 130–135

Hamberg, J.: Stretchability of rectus femoris muscle. Arch. Phys. Med. Rehabil., Vol 74, 1993

Haneveld, F. T.: Persönliche Mitteilung

Hazlett, R. L. et al.: Muscle tension in generalized anxiety disorder: elevated muscle tonus of agitated movement. Psychophysiologie 31 (1994) 189–195

Helliwell, P. S. et al: The straight cervical spine: does it indicate muscle spasm? Journal of Bone and Joint Surgery. British Vol. 76 (1994) 103–106

Henriksson, C. M.: Longterm effects of fibromyalgia on everyday life. A study of 56 patients. Scandinavian Journal of Rheumatology 23 (1994) 36–41

Henriksson, K. G.: Pathogenesis of fibromyalgia. Journal of Musculoskeletal Pain 1/3–4 (1993) 3–16

Henriksson, K. G.: Muscle Pain in Neuromuscular disorders and Primary Fibromyalgia. Eur. J. Appl. Physiol. 57 (1988) 348–352

Hesse, J. et al.: Acupuncture versus metoprolol in migraine prophylaxis: a randomized trial of trigger point inactivation. Journal of internal Medicine 235 (1994) 451–456

Hettinger, T.: Isometrisches Muskeltraining, 5. Aufl., Thieme, Stuttgart 1983

Hiemeyer, K. et al.: Dependence of tender points upon posture – a key to understanding of fibromyalgia syndrome. Journal of Manual Medicine 5/4 (1990) 169–174

Hiemeyer, K. et al.: Generalized occurence of tender points in bended posture. Akt. Rheumatologie 14 (1989) 193–201

Hong, C. Z.: Lidocaine injection versus dry needling to myofascial trigger point. Am. Journal of Physical Medicine and Rehabilitation 73 (1994) 256–263

Hopwood, M. B.: Factors associated with failure of trigger point injections. Clin. Journ. of Pain 10 (1994) 227–234

Hubbard, D. R., G. M. Berkoff: Myofascial trigger points show spontaneous needle EMG activity. Spine 18 (1993) 1803–1807

Hyyppa M. T., E. Kronholm: Nocturnal motor activity in fibromyalgia patients with poor sleep quality. Journal of Psychosomatic Research 39/1 (1995) 85–91

Janda, V.: Muskelfunktionsdiagnostik, Acco, Leuven 1979

Jennum, P. et al.: Sleep and other symptoms in primary fibromyalgia and in healthy controls. Journal of Rheumatology 20 (1993) 1756–1759

Jerosch, J. et al.: Etiology of subacromial impingement syndrome. Beiträge zur Orthopädie und Traumatologie 36 (1989) 411–418

Johannsson, V.: Does a fibromyalgia personality exist? Journal of Musculoskeletal Pain 1/3–4 (1993) 245–252

Jungemichel, D.: Chondropathia patellae results of failed treatments. Medizin und Sport 29 (1989) 231–233

Kalimo, H.: The multifudus muscle in patients with lumbar disc nerniations. Spine 11 (1986)

Kaplan, K. H. et al.: The impact of a meditation-based stress reduction program on fibromyalgia. General Hospital Psychiatry 15 (1993) 284–289

Keel, P.: Fibromyalgia, Fischer, Stuttgart 1995

Kidd, R. F., R. Nelson: Musculoskeletal dysfunction of the neck in migraine and tension headache. Headache 33 (1993) 566–569

Kogstadt, O., F. Hintringer: Patients with fibromyalgia in pain school. Journal of Musculoskeletal Pain 1/3–4 (1993) 261–265

Kohlrausch, W.: Zur Kenntnis des Trainingszustandes. Arbeitsphysiologie 2 (1929) 46

Krag, N. J. et al.: A blinded, controlled evaluation of anxiety and depressive symptoms in patients with fibromyalgia, as measured by standardized psychometric interview scales. Acta Psychiatrica Scandinavica 89 (1994) 370–375

Krämer, J.: Bandscheibenbedingte Erkrankungen, 2. Aufl., Thieme, Stuttgart 1993

Krapf, M. W. et al.: Erfassung von Muskelverspannungen im Musculus erector spinae mit Hilfe der in vivo 31P-Magnetresonanzspektroskopie (31P MRS) bei Patienten mit chronischen Lumbalgien und generalisierten Tendomyopathien. Zeitschrift für Rheumatologie 51 (1992) 229 – 237

Kravis, M. M. et al.: MR imaging of muscle and tender points in fibromyalgia. Journal of Magnetic Resonance Imaging 3 (1993) 669 – 670

Krüger, P.: Über die Grundlagen der „tonischen und phasischen Reaktion" des quergestreiften Skelettmuskels der Wirbeltiere. Z. Biol. 104 (1951) 221

Kügelgen, B.: Neuropsychiatric and manual therapeutic aspects of the traumatic cervicoencephal syndrome. Nervenheilkunde Vol. 12 (1993) 243 – 246

Lapossy, E. et al.: Cold-induced vasospasm in patients with fibromyalgia and chronic low back pain in comparison to healthy subjects. Clin. Rheum. 13 (1994) 442 – 445

Larsson, S. E. et al.: Chronic pain after soft-tissue injury of the cervical spine: trapezius muscle blood flow and electromyography at static loads and fatigue. Pain 57 (1994) 173 – 180

Laser, T.: Bandscheiben-Operation. Was kommt danach? Swiss. Med. 5b (1984) 79 – 80

Laser, T.: Bandscheibenbeschwerden einfach wegschlafen? Med. Trib. (1986) 13 – 30

Laser, T.: Bandscheibenleiden. Ein Leitfaden. Zuckschwerdt, 3. Aufl., München 1994

Laser, T.: Die Bandscheibenoperation und ihre Nachbehandlung. Münchner Medizinische Wochenschrift (1992) 134

Laser, T.: Lumbale Bandscheibenleiden, Zuckschwerdt, 3. Aufl., München 1994

Laser, T.: Nicht immer die Bandscheibe, Zuckschwerdt-Verlag 1996

Laser, T.: Muskelverspannung aus der Sicht des Orthopäden, in Ettlin, T.: Muskelverspannungen, Thieme-Verlag 1997

Lautenbacher, S. et al.: Multimethod assessment of experimental and clinical pain in patients with fibromyalgia. Pain Vol. 59 (1994) 45 – 53

Lautenbacher, S. et al.: Pain perception in depression: relationships to symptomatology and nalaxone-sensitive mechanisms. Psychosomatic Medicine 56 (1994) 345 – 352

Lautenschlager, J. et al.: Klinische und technische Untersuchungsverfahren bei der generalisierten Tendomyopathie (Fibromyalgie-Syndrom). Aktuelle Rheumatologie 20/1 (1995) 4 – 12

Lindh, M. H. et al.: Studies on maximal voluntary muscle contraction in patients with fibromyalgia. Arch. of physical Medicine and Rehabilitation 75 (1994) 1217 – 1222

Linke, H.: Die Entpersönlichung des Schmerzes. Ther. Ber. 35 (1963) 94 – 99

Linsen, H. J. P.: Force and fatigue in human type I muscle. Fibres Brain 114 (1991) 2123 – 2132

Lund, N.: Muscle tissue oxygen pressure in primary fibromyalgia. Scan. J. Rheumat. 15 (1986) 165 – 173

Lund-Olesen, L. H., K. Lund-Olesen: The etiology and possible treatment of chronic fatigue syndrome / fibromyalgia. Medical Hypotheses 43 (1994) 55 – 58

Marshall, M., D. Pongratz: Muskel und Extremitätenschmerzen, SM-Verlag, München 1988

McCain, G. A.: Treatment of the fibromyalgia syndrome. Journal of Musculoskeletal Pain 2/1 (1994) 93 – 104

McKenzie, R. A.: Die lumbale Wirbelsäule, Spinal Publications 1986

McNulty, W. H. et al.: Needle electromyographic evaluation of trigger point response to a psychological stressor. Psychophysiology 31 (1994) 313 – 316

Melzack, R.: Phantom limb pain: implications for treatment of pathologic pain, Anesthesiology, 35 (1971) 409 – 419

Mengshoel, A. M., O. Forre: Physical fitness training in patients with fibromyalgia. Journal of Musculoskeletal 22/1 (1995) 143 – 150

Menninger, H., K. Hiemeyer: Pathogenese von Sehnen-/Muskelschmerzen unter besonderer Berücksichtigung der Körperhaltung. Zeitschrift für Rheumatologie 48/6 (1989) 281 – 287

Mense, S.: Peripheral mechanisms of muscle nociception and local muscle pain. Journal of Musculoskeletal Pain 1/1 (1993) 133 – 170

Merskey, H.: Chronic muscular pain – A life stress syndrome? Journal of Musculoskeletal Pain 1/3 – 4 (1993) 61 – 69

Moldofsky, H. et al.: Ligitation, sleep, symptoms and disabilities in postaccident pain. Journal of Rheumatology 20 (1993) 1935 – 1940

Moldofsky, H.: A chronobiologic theory of fibromyalgia. Journal of Musculoskeletal Pain 1/3 – 4 (1993) 49 – 59

Müller, W.: Die Begutachtung der Fibromyalgie, Der medizinische Sachverständige 93.6 (1997) 189 – 192

Müller, W.: Generalisierte Tendomyopathie, Steinkopf, Heidelberg 1991

Nichols, D. S., T. M. Glenn: Effect of aerobic exercise on pain perception, affect, and level of disability in individuals with fibromyalgia. Physical Therapy 74 (1994) 327 – 332

Njoo, K. H., E. van der Does: The occurrence and inter-rater reliability of myofascial trigger points in the quadratus lumborum and gluteus medius. Pain 58 (1994) 317 – 323

Norregaard, J. et al.: A four-year follow-up study in fibromyalgia. Relationship to chronic fatigue syndrome. Scandinavian Journal of Rheumatology 22 (1993) 35 – 38

Norregaard, J. et al.: Muscle strength, voluntary activation, twitch properties and endurance in patients with fibromyalgia. Journal of Neurology, Neurosurgery and Psychiatry 57 (1994) 1106 – 1111

Norregaard, J. et al.: Preliminary results of a 4-year follow-up study in fibromyalgia. Journal of Musculoskeletal Pain 1/3 – 4 (1993) 159 – 163

Paar, O., G. Penka: Influence of chondromalacia patellae on muscular dysbalances dynamometric values. Medizin und Sport 30 (1990) 172 – 175

Pattrick, M. et al.: Chlormezanone in primary fibromyalgia syndrome: a double blind placebo controlled study. British Journal of Rheumatology 32 (1993) 55 – 58

Poellmann, L.: Fibromyalgia: Chronobiological aspects. Chronobiology International 11 (1994) 393 – 396

Pongratz, D.: Zur Myopathologie der general. Tendomyopathie in Generalisierte Tendomyopathie, Hrsg. Müller, W. Steinkopff (1991)

Posner, I. A.: Treatment of fibromyalgia syndrome with intravenous lidocaine. Journal of Musculoskeletal Pain 2/4 (1994) 55 – 65

Prescott, E. et al.: Fibromyalgia in the adult Danish population: I. A prevalance study. Scandinavian Journal of Rheumatology 22 (1993) 233–237

Prescott, E. et al.: Fibromyalgia in the adult Danish population: II. A study of clinical features. Scandinavian Journal of Rheumatology 22 (1993) 238–242

Raspe, H. et al.: Leitlinien zur sozialmedizinischen Erfassung und Beurteilung der primären Fibromyalgie. Gesundheitswesen 56 (1994) 596–598

Raspe, H., C. Baumgartner: The epidemology of the fibromyalgia syndrome: Different criteria – different results: Journal of Musculoskeletal Pain 1/3–4 (1993) 149–152

Raspe, H.: Rheumaepidemiologie in Europa. Sozial- und Präventivmedizin 37 (1992) 168–178

Reilly P. A., G. O. Littlejohn: Diumal variation in the symptoms and signs of the fibromyalgia syndrome. Journal of Musculoskeletal Pain 1/3–4 (1993) 237–243

Reimers, C. D. et al.: Magnetic resonance imaging of skeletal muscles in idiopathic inflammatory myopathies of adults. Journal of Neurology 241 (1994) 306–314

Rüger, U., G. Schüssler: Psychosomatische Aspekte und Ergebnisse der Rheumatischen Arthritis und Fibromyalgie. Zeitschrift für Psychosomatische Medizin und Psychoanalyse 40 (1994) 288–304

Samborski, W. et al.: Druckpunktuntersuchungen bei der generalisierten Tendopathie. Zeitschrift für Rheumatologie 50 (1991) 382–386

Samborski, W. et al.: Intraindividueller Vergleich einer Ganzkörperkältetherapie und einer Wärmebehandlung mit Fangopackungen bei der generalisierten Tendomyopathie. Zeitschrift für Rheumatologie 51 (1992) 25–30

Schmidt, K. L.: Aktuelle Arzneimitteltherapie des polymyalgischen Syndroms. Fortschritt und Fortbildung in der Medizin 18 (1994/1995) 279–286 und 299

Schmidt, K. L.: Generalisierte Tendomyopathie (Fibromyalgie): Differentialdiagnose, Therapie und Prognose. Zeitschrift f. d gesamte Innere Medizin und ihre Grenzgebiete 48 (1991) 370–374

Schnizer, W.: Therapeutisches Muskeltraining. Wiener Klinische Wochenschrift 105 (1993) 232–238

Schroder, H. D. et al.: Muscle biopsy in fibromyalgia. Journal of Musculoskeletal Pain 1/3–4 (1993) 165–169

Schüssler, G., J. Konermann: Psychosomatic aspects of primary fibromyalgia syndrome. Journal of Musculoskeletal Pain 1/3–4 (1993) 229–236

Schwendner-Berlin, H. et al.: Psychosomatic correlations in patients with chronic fibromyalgia: A hypothesis of the patho-physiology and a therapeutic approach. Pain Clinic 7/2 (1994) 137–143

Sexton, A. W.: Isometric tension differences in fibers of red and white muscles. Science 157 (1967) 199

Sietsema, K. E. et al.: Oxygen uptake during exercise in patients with primary fibromyalgia. Journal of Rheumatology 20 (1993) 860–865

Sigurdsson, A., W. Maixner: Effects of experimental and clinical noxious counterirritants of pain perception. Pain 57 (1994) 265–275

Simms, R. W. et al.: Muscle studies in fibromyalgia syndrome. Journal of Musculoskeletal Pain 2/3 (1994) 117–123

Simms, R. W. et al.: Lack of association between fibromyalgia syndrome and abnormalities in muscle energy metabolism. Arthritis and Rheumatism 37 (1994) 794–800

Simone, D. A. et al.: Identification of muscle afferents subserving sensation of deep pain in humans. Jour. of Neurophysiol. 72 (1994) 883–889

Simons, D. G.: Fibrositis/Fibromyalgia: A form of myofascial trigger points? The Amer. J. of Med. 81 (1986)

Smythe, H.: Reffered pain and tender Points. The Amer. J. of Med. 81 (1986)

Smythe, H. A. et al.: Performance of scored palpation, a point count, and dolorimetry in assessing unsuspected nonarticular tenderness. Journal of Rheumatology 20/2 (1993) 352–357

Stratz, T. et al.: Die Serotoninkonzentration im Serum bei Patienten mit generalisierter Tendomyopathie (Fibromyalgie) und chronischer Polyarthritis. Medizinische Klinik 88 (1993) 458–462

Stratz, T.: Blockierung der S2-Rezeptoren. Ein neues Behandlungsprinzip der generalisierten Tendomyopathie (Fibromyalgie)? Zeitschrift für Rheumatologie 50 (1991) 21–22

Taylor, M. L., D. R. Trotter: The prevalance of sexual abuse in women with fibromyalgia. Arthritis and Rheumatism 38/2 (1995) 229–234

Tilscher, H., M. Eder: Die Rehabilitation der Wirbelsäulengestörten, Springer, Heidelberg 1983

Veierstedt, K. B.: Substained muscle tension as a risk factor for trapezius myalgia. Internat. Journal of Industrial Ergonomics Vol. 14 (1994) 333–339

Viitanen, J. V. et al.: Pain intensity in patients with fibromyalgia and rheumatoid arthritis. Scandinavian Journal of Rheumatology 22 (1993) 131–135

Waylonis, G. W. et al.: A profile of fibromyalgia in occupational environments. American Journal of Physical Medicine and Rehabilitation 73 (1994) 112–115

Waylonis, G. W., R. H. Perkins: Posttraumatic fibromyalgia. A long-term follow-up. Am. Journ. of Physical Medicine and Rehabilitation 73 (1994) 403–412

Weintraub, A.: Psychosomatik in der Rheumatologie, in: H. Mathies: Handbuch der Inneren Medizin, Teil II., Springer, Heidelberg 1983

Weiss, T.: Schmerzen überall – Fibromyalgie, Südwest 1997

Willert, H. G.: Psychosomatik in der Orthopädie, Huber, Bern 1991

Wolfe, F. et al.: Aspects of fibromyalgia in the general population: Sex, pain, threshold, and fibromyalgia symptoms. Journal of Rheumatology 22/1 (1995) 151–156

Wolfe, F. et al.: Aspects of the epidemiology of fibromyalgia. Journal of Musculoskeletal Pain 2/3 (1994) 65–77

Wolfe, F. et al.: Fibromyalgia: On criteria and classification. Journal of Musculoskeletal Pain 2/3 (1994) 23–39

Wolfe, F. et al.: Criteria for the Classification of Fibromyalgia Arthritis and Rheumatism. The American College of Rheumatology Vol. 33 (1990)

Wolfe, F. et al.: The prevalance and characteristics of fibromyalgia in the general population. Arthritis and Rheumatism 38 (1995) 19–28

Wolfe, F.: Disability and the dimensions of distress in fibromyalgia. Journal of Musculoskeletal Pain 1/2 (1993) 65–87

Wolfe, F.: Post-traumatic fibromyalgia: A case report narrated by the patient. Arthritis Care and Research 7/3 (1994) 161 – 165

Yunus, M. B.: Psychological factors in fibromyalgia syndrome: An overview. Journal of Musculoskeletal Pain 2/1 (1994) 87 – 91

Yunus, M. B.: Research in fibromyalgia and myofascial pain syndromes. Journal of Musculoskeletal Pain 1/1 (1993) 23 – 41

Zieglgänsberger, W.: The Pharmacology of pain signalling, Zeitschrift f. Rheumatologie, Bd. 56, Heft 6 (1997), 353 – 354

Zieglgänsberger, W.: Persönliche Mitteilung

Sachverzeichnis

A

Aerobic 2, 73
Afferenz-Efferenzmuster, gestörtes 35
Afferenzen 6, 27
Aktin-Myosin-System 9
Aktionspotentiale 15
Akupunktur 79
Analgetika 84
Antidepressiva 82 f.
Antiepileptika 82
Antirheumatika, nichtsteroidale 17 f., 84
– Kombinationsbehandlung mit Tolperison 18
Aufwärmen 74
Autodehnung, s. Selbstdehnung

B

Bad, heißes 77
Bandscheiben 3
Begutachtung, ärztliche 94
– Anhaltspunkte 94 f.
Behandlung
– ambulante 91 ff.
  – Grundlage 92
– interdisziplinäre 91
– stationäre 91 ff.
  – Grundlage 92
– therapeutische 1
Behinderung 94
– Grad 94 f.
Beinbeschwerden, psychosomatische 42
Beinhängetest 67
Belastungshaltung, sterno-symphysale 65
Bestrahlungswärme 76
Bewegung 1,
– Strukturen 1
– Funktionspartner 1
Beweglichkeit 8
Bewegungsapparat 1, 61
– Störung 4
Bewegungseinschränkung 54
– schmerzreflektorische 8
Bewegungshemmung 13
– schmerzreflektorische 11
Bewegungslehre 1,
Bewegungssystem 3, 8
Brachialgie 49
– psychosomatische 42
Bruxismus 35, 37
– Dysbalance, muskuläre 37
Bupivacain 81

C

Chondropathia patellae 24, 31, 39
– Symptomatik 25
chronic-pain-Syndrom 14
– Analyse 14
Computertomographie 70

D

Dauertonus 11, 21
Dehntechnik 72, 101
– falsche 73
– muskulärer Strukturen 74 f.
Dehnung 11, 74 f., 80
– beidseits 106, 112, 118, 120, 122, 124,
– Grundprinzip 74
– rechts 102, 104, 108, 110, 114, 116, 126, 128, 130, 132, 134, 136, 138, 140
– Schmerz 74
– therapeutische 72
– tonischer Muskeln 46
– verkürzter Muskelgruppen 46

Diagnosemöglichkeiten 4,
Dorsalgie, psychosomatische 42
Down-Regulierung 83
Dysbalance, muskuläre 12 f., 19 ff., 25, 29, 31 ff., 34, 39, 42, 45, 47, 51, 61, 75, 78, 83, 100
- Änderung der
  - Bewegungsabläufe 26
  - Körpergrundhaltung 25
- arthromuskuläres System, Fehlfunktion 24
- auslösende Faktoren 30 ff.
  - Fehlbelastung 32 f.
  - Inaktivität 31
  - Schmerz 31
  - Überaktivität 32
- Aussichten 98 ff.
- Bandscheibenvorfall
  - lumbaler
  - zervikaler
- Becken-Beinbereich 38 f.
- Behandlungsstrategie 46
- Beseitigung 46
- Definition 24
- des Rumpfes 38
  - Sekundärfolgen 38
- Diagnostik 63
  - Auge 63
  - Herz 63
  - Ohr 63
  - Tastsinn 63
- Dynamik, gestörte 26
- Einsichten 98 ff.
- Entstehung 30
  - Mechanismus 24
- Eskalation 29, 48 ff.
- Facettensymptomatik 40
- Fallbeispiele 34 ff.
- Krankheitsbild 33
- Muskelschmerz 81
- Neigung 25
- Psyche 40 f., 45
- Therapie 46
- Verlauf 45 ff.
- Wiederherstellung
  - fehlende 47 f.
  - spontane 45 f.
Dysfunktion, muskuläre 3, 73

E

Efferenzen 6
Eislolly 76
elektrodiagnostische Methoden 71
Elektrotherapie 78
Ernstnehmen 88
Erwerbsfähigkeit, Minderung 94
Eutonie 45, 48, 72
- muskuläre 46

F

Facettensyndrom 26, 35, 40
Fangopackung 77
Faser
- phasische 10, 20 ff.
  - Reaktionsfreudigkeit 20
- tonische 20 ff.
  - Reaktionsfreudigkeit 20
- Typ-I 20
- Typ-II 20
Faserdichte 23
Fast twitch-Faser, s. FT-Faser
Fibromyalgie 10, 27, 51 ff., 58, 61, 75, 78, 85, 88
- Ätiologie 58 f.
- Anfangsstadien 55
- Auslösemechanismus 95
- Aussichten 98 ff.
- Behandlung 91 ff.
- Definition 52 f.
- Diagnostik 53 ff., 96
- Einsichten 98 ff.
- Entstehung 29, 96
  - Hypothese 99
- Epidemiologie 52 f.
- generalisierte 29, 51, 95, 99
- Kombinationsbehandlung 82
- Krankheitsbild 91, 99
- Kriterien der Erkrankung 56
- Müdigkeit, chronische 54
- Muskelschmerz 81
- Objektivierung 96

- Pathogenese 58 f.
- Patient 75–78, 83, 86, 91
- Persönlichkeitsstruktur 56 ff.
- primäre 99 f.
- Prodromalstadium 55
- sekundäre 99 f.
- Symptomatik 53 ff.
- Syndrom 52, 59, 95
- Tender points 57
- Tendomyose, sekundäre 59
  - Häufigkeit 57

Fitneß-Studio 75
FT-Faser 20
Funktionsmassage 78
Funktionsstörung, muskuläre 3, 60 ff., 63, 85, 94 f.
- Anamnese 60
- Behandlung 91
- Diagnose 60 ff.
- Einfühlungsvermögen 64
- Geduld 64
- Gutachter 95
- Inspektion 61
- Palpation 61 f.
- Untersuchung, manuelle 65 ff.
- Vertrauen 64

G

Ganzkörperkältetherapie 76
Gelenk
- Beweglichkeit 73
  - Stabilisierung 7
- Aktivierung von Agonisten und Antagonisten 7
- Fehlstellung 34, 75
- Funktion 4
- Steifigkeit 54
- Systeme
  - Überbeweglichkeit 2

Gespräch, ärztliches 88 f.
Glukoseverwertung 21
GTM, s. Fibromyalgie, generalisierte
Gutachter 94 ff.
- Probleme 94 ff.

H

Head-Zonen 12
Helfersyndrom 44
Hemmung, reflektorische 24
Heublumenpackung 77
Hyperhidrose 28
Hypoxie 8 f., 50, 81
Hyperlordose 38
Hypermobilität 73
Hyperthermie 77
- Prinzip 77

I

Immobilisation 31
- postoperative 22

Impingement 49
Inaktivität 31 f.
Infiltrationsbehandlung 80 f.
Innenrotationsfehlstellung 65
Innervation
- reziproke 24 f., 46
- segmentale 12 f.

J

Jazz dance 2
Jazzgymnastik 73

K

Kälteapplikation 76
Kältespray 76
Kiblerfalte 67
Klinik mit Fibromyalgie-abteilung 148–151
Knochenszintigraphie 70
Kochsalzlösung 80
Körper
- Fehlhaltung 33
  - psychisch bedingte 33
- Grundhaltung, Änderung, Dysbalance 25
- Selbsterfahrung 84
- Statik 25

Konsequenzen, sozial-medizinische 94 ff.
Kortikoide 79

Kristallsuspension 81

L

Laboruntersuchung 71
Leistungsfähigkeit 2, 94 f.
- Steigerung 2,
- Verlust 2
Leistungssportler 32
Lidocain 79, 81
Liegen, unbequemes 86
Lokalanästhetikum 80 f.
Lokalanästhesie, therapeutische 18, 79
Lordosierung, physiologische, Lendenwirbelsäule 85
Lumbalpunktion 71
Lumbalgie, psychosomatische 42

M

Magnetfeldtherapie 77
Magnetresonanz
- Tomographie 71
- Untersuchung 70
Massage-Therapie 78
Matratze 87
- harte 86
Maus-Krankheit 11
Maximalpunkte, s. Tender points
Medikamente 73
- Ergänzung zur Physiotherapie 73
Menschheitsgeschichte 2,
Mobilität 3
Müdigkeit 54
- chronische 41, 54, 85 f.
Musculus levator scapulae, psychischer Lastenträger 43
Muskel 1
- Aktivierung 7
- Anatomie 6,
- Anzahl 2, 6
- Aufwärmen 74
- Bewegungsmöglichkeit 2
- Dehnbarkeit, Überprüfung 62
- Dehnung 35
  - Technik 72, 74
- Eigenschaften 2 f.,
- eingelenkiger 22
  - Fehlbeanspruchung 25
- entspannter, EMG-Aktivität 8 f.,
- Funktion 6
  - monosegmentale 6
  - plurisegmentale 6
- Geschmeidigkeit 35
  - Training 3
- Gleichgewicht 22
- hypertoner 11
- Längenzunahme 74
- mehrgelenkiger 22, 49
  - Fehlbeanspruchung 25
- phasischer 19 f., 22 f., 72
- tonischer 19 f., 22 f., 72
  - Verkürzung 32
- Tonus 8, 81
  - Abhängigkeit zum psychischen Druck 43
- Überforderung 39
- Überlastungsreaktion 28
- Verkürzung 14, 54
- Viskosität 8
  - Bestandteile 8
Muskelbeeinflussung, primäre 33
Muskelbündel 7
Muskeldysbalance, s. Dysbalance, muskuläre
Muskelfaser 9
- Länge 7
- Qualitäten 19
- Training, spezifisches 23
Muskelfunktion 35
- Störungen 1, 3 f.
Muskelgewebe 8
Muskelgruppe
- phasische 23, 46
- tonische 23, 46
  - Verkürzung 32 f.
- Überforderung 32
- Unterforderung 32
Muskelhaut 7
Muskelkater 9 f.
Muskelkontraktion 74
- isometrische 7, 19
- isotonische 7, 19

– lokale 29
– Mischformen 7
Muskelkrampf 14
– Auslösung 14
– Beseitigung durch Dehnung 14
– nervale Stimulation 14
Muskellänge 72
– Bestimmung 67
– Wiederherstellung 72
Muskelpalpation, manuelle 62
Muskelrelaxation 47, 84
– durch Medikamente 81 ff.
– progressive 84
Muskelschmerz 8 ff., 11 ff., 81
– akuter 82
– chronischer 14, 84
– Entstehung 10
– medikamentöse Therapie 16 f.
– mesenchymaler 9
– permanenter 10
– tendomyotischer 9
– Ursache 81
Muskelspannung 35, 55
– maximale isometrische 20
Muskelverkürzung, schmerzbedingte 12
Muskelverspannung 27, 86
– akute und chronifiziert schmerzhafte 17 f.
Muskulatur 1, 3, 6 ff., 44
– Abhängigkeit 11
– afferente Nerven 9
– Alltagsarbeit 7
– Aufgabe 6
– Belastungsart 21
– Betastung 45
– biochemische und bioelektrische Veränderungen 7
– Dauertonus 11
– efferente Anteile 6
– Feinabstimmung 2
– Funktionsdefizit 3, 11 ff.
– Funktionspartner 11
  – Verletzungsmöglichkeit 11
– Hypertonus 8
– Leistungseinschränkung 3
– phylogenetische Einflüsse 20
– quergestreifte 6
– Steuerung 6
– Tonuserhöhung 82
– Überaktivität 32
– verkürzte 102, 104, 106, 108, 110, 112, 114, 116, 118, 120, 122, 124, 126, 128, 130, 132, 134, 136, 138, 140
– Verkürzung 2 f., 25
– Wechselwirkung mit Psyche 42
– Zustand 6
Myelographie 71
Myogelose 29
Myositis 9
Myotonolytika 17, 82

N

Nackenstütze 87
Natriumkanal
– Blocker 16 f., 73, 82
– Proteine 15
Neuroleptika 82
neuronal hypersensitivity 11
nozizeptives System 15, 17
Nozizeptoren, s. Schmerzrezeptoren
NSAR, s. Antirheumatika, nichtsteroidale

O

Opiate, s. Schmerzmittel 17
Organsysteme 94

P

Palpation 11, 29, 43, 62
– Schmerz 81
– Technik 100
Panalgesie 16, 53
Parkinsonmedikamente 82
Peloid 77
Persönlichkeitstest 96
Phantomschmerzen 15
Physiotherapie 72
Probleme, gutachterliche 94 ff.
Provokationstest 62
Psyche 44

– muskuläre Dysbalance 40 f., 45
– Wechselwirkung mit Muskulatur 42
Psychopharmaka 84
Psychopunkt 44

Q

Qi Gong 85
Quaddelbehandlung 79 f.
– Infiltration 80
– Tastbefund 79
– Technik 80

R

Rapid-Eye-Movement 40
refered pain, s. Referenzzonen
Referenzzonen 27 f., 62
Reflex
– kutiviszeraler 12
– viszerokutaner 12
Rehabilitationseinrichtung, stationäre 91
Reizschwelle, individuelle 15
REM-Phase, s. Rapid-Eye-Movement
repetitive strain injury 11
restless-leg-Symptomatik 83
Röntgenaufnahme 70

S

Sauerstofftherapie, hyperbare 78
Sauna 76
– milde lauwarme Abkühlung 77
Schlaf 40, 86
Schlafdefizit 86
– chronisches 85
Schlafentzug 54
Schlafmangel 41
Schlafqualität, Verbesserung 83, 85 f.
Schlafstörung 35, 45
Schlafunterbrechung 86
Schlafunterlage 85
Schmerz 8, 31, 53, 94
– akut auftretender 15
– chronifizierter, myofaszialer 84
– Chronifizierung 15, 17 f., 34
– durch übermäßige Trainingstherapie 75
– generalisierter 96
– im Rückenbereich 12
– pathologischer Charakter 15
Schmerzbefreiung 80
Schmerzepisoden 34
Schmerzgedächtnis 14 ff., 29, 98
– Löschung 17
Schmerzhaftigkeit 34
Schmerzlinderung 16, 81
Schmerzlokalisation 54
Schmerzmatrix 15
Schmerzmediator 76
Schmerzmittel 17
Schmerzqualität 13
Schmerzreduzierung 79
Schmerzreiz 15, 82
Schmerzrezeptoren 9, 15
Schmerzschwelle 13, 86
– Unterschiede 13
Schmerz-Spasmus-Schmerz-Hypothese 8, 14, 82
Schmerzsymptomatik 73
Schmerzunterbrechung
– periphere 17
– zentrale 17
Schmerzverstärkung 75
Schonhaltung 34
Schulen, physiotherapeutische 4
– Ansatz 4
Schulter-Nackenbereich 43
– manuelle Untersuchung 65
Selbstdehnung 72
– Durchführung 101
– Übungsteil 101–141
Selbsthilfegruppen 93
– Fibromyalgie-Syndrom 142–147
Serotonin 15
– Stoffwechsel 83
Skelettmuskel, Mischformen 19
– phasische Faser 19
– tonische Faser 19
Skelettmuskulatur, s. Muskulatur
Slow twitch-Faser, s. ST-Faser
Sozialanamnese 60

Spannungskopfschmerz 36, 43, 87
– Ursache, tendomyotische 36
Stabilisationsübung 2
ST-Faser 20

T

Tai-chi 2, 85
Teamgespräch 90
Tender points 27 ff., 35, 44, 48 f., 55, 58, 78 f., 81
– Definition 30
– Fibromyalgie 57
– Infiltrationsbehandlung 80 f.
– Palpation 62
Tendomyopathie 10
– generalisierte, s. Fibromyalgie, generalisierte
– sekundäre 29
Tendomyose 28 f.
– Chronifizierung 29
– primäre 28, 33, 45
  – Definition 28
– sekundäre 28, 40, 45, 59
  – Fibromyalgie 59
TENS-Gerät 78
Tissue-Compliance-Meter 55
Therapie 72 ff.
– Formen 85
– manuelle 74
– moderate 92
– physikalische Maßnahmen 75 ff.
– psychologische/psychotherapeutische Maßnahmen 84 f.
Thoracic-outlet-Syndrom 49 f.
Tiefschlafphase 40
– Entzug 41
TLA, s. Lokalanästhesie, therapeutische
Tolperison 17 f., 47, 73, 82
Tonus 8
– viskoelastischer 9, 27
TOS, s. Thoracic-outlet-Syndrom
Trainingstherapie, medizinische 75, 92
Triggerpunkt 9, 26 ff., 29, 44, 79
– aktiver 27
– Ätiologie 27
– Behandlung 81
– Definition 26
– Infiltrationsbehandlung 80 f.
– latenter 27
– myofaszialer 11
– neuromuskulärer 11
– Symptomatik 28
– Zentrum 9
Trockennadelung 80

U

Ultraschallanwendung 78
Untersuchungstechnik 65, 70 ff.

V

Verkürzung, muskuläre 79
– Neigung 23
Vibrationsmassage 79

W

Wärmeanwendung 76
Wärmetherapiegerät 77
walking 92
Weichteilrheumatismus, s. Fibromyalgie
Wirbelsäule, manuelle Untersuchung 65
Workaholic 44

Z

Zähneknirschen, s. Bruxismus
Zervikalgie, psychosomatische 42